Mir Maroof Mansoor
Muhammad Ishfaq Ahmad

Estudo comparativo dos ácidos gordos livres em diferentes amostras

Mir Maroof Mansoor
Muhammad Ishfaq Ahmad

Estudo comparativo dos ácidos gordos livres em diferentes amostras

Imprint
Any brand names and product names mentioned in this book are subject to trademark, brand or patent protection and are trademarks or registered trademarks of their respective holders. The use of brand names, product names, common names, trade names, product descriptions etc. even without a particular marking in this work is in no way to be construed to mean that such names may be regarded as unrestricted in respect of trademark and brand protection legislation and could thus be used by anyone.

Cover image: www.ingimage.com

This book is a translation from the original published under ISBN 978-620-2-06057-8.

Publisher:
Sciencia Scripts
is a trademark of
Dodo Books Indian Ocean Ltd. and OmniScriptum S.R.L publishing group

120 High Road, East Finchley, London, N2 9ED, United Kingdom
Str. Armeneasca 28/1, office 1, Chisinau MD-2012, Republic of Moldova, Europe
Printed at: see last page
ISBN: 978-620-7-98183-0

"Em nome de Alá, o mais benéfico e misericordioso"

"Lê! (Ó Profeta) Em nome do teu Senhor (Todo-Poderoso), que criou o homem de um coágulo"

"Lê! (Ó Profeta) E o teu Senhor (Todo-Poderoso) é o mais generoso, que ensinou o conhecimento pela pena. Ensinou ao homem o que ele não sabia"

Sura-e-Alaq, versículo 1-5

Al-Quran

AGRADECIMENTOS

Antes de mais, um agradecimento incontável apenas ao Todo-Poderoso ALLAH, o criador de todos nós, o omnipotente, omnipresente, o mais misericordioso e o mais compassivo, digno de todos os louvores, que guia nas trevas e nas dificuldades. As suas inúmeras bênçãos permitiram-me concluir com êxito a minha investigação.

Todos os respeitos ao último Santo Profeta Maomé (P.B.U.H) que é para sempre uma tocha de conhecimento e bondade para a humanidade.

Gostaríamos de expressar a nossa sincera gratidão ao nosso orientador, **Prof. Dr. Asad Gulzar,** pelo apoio contínuo à investigação, pela sua paciência, motivação, entusiasmo e imenso conhecimento. A sua orientação ajudou-nos durante todo o tempo de investigação e redação desta tese. Não podíamos imaginar ter um melhor orientador e mentor para a nossa investigação.

Para além do meu orientador, gostaríamos de agradecer ao nosso supervisor de tese: **Dr. Abdul Majeed Salariya**, Diretor Científico, Conselho Paquistanês de Investigação Científica e Industrial (PCSIR), Lahore, pelo seu encorajamento, comentários perspicazes e perguntas difíceis e por nos oferecer oportunidades nos seus grupos e nos levar a trabalhar em diversos projectos interessantes.

Também apresentamos os nossos cumprimentos ao **Sr. Salman** (Oficial Científico Sénior, PCSIR) pela sua orientação experiente e comportamento amável. Estamos igualmente gratos ao nosso colega de laboratório no PCSIR: **Sheikh Qamar Javed Iqbal** pelas discussões estimulantes, pelas noites sem dormir em que trabalhámos juntos antes dos prazos e por todo o divertimento que tivemos nos últimos 2 anos. Um agradecimento especial ao pessoal do laboratório do PCSIR de Lahore pela sua ajuda durante o nosso trabalho de investigação. Por último, mas não menos importante, gostaríamos de agradecer às nossas famílias por nos terem apoiado espiritualmente ao longo da nossa vida.

Mir Maroof Mansoor
&
Muhammad Ishfaq Ahmad

RESUMO

A presente investigação trata do estudo comparativo dos ácidos gordos livres em diferentes amostras. Um total de dez amostras (margarina sunshine, margarina dairy, margarina blue band, natas, embalagem de leite nestlé, óleo golden sun, ghee habib, ghee sufi, óleo dalda, óleo kisan) foram adquiridas no mercado local de Lahore. Uma quantidade em peso de amostra foi reagida com 5,0 ml de álcool neutro a 95%, aquecendo a mistura até à ebulição e, após arrefecimento, titulando-a com uma solução normal de NaOH a 0,1, utilizando fenolftaleína como indicador, e calculando em seguida a percentagem de ácidos gordos livres.65 g na margarina láctea, 4,5 g na margarina blue band, 24,5 g na nata fresca e 9,45 g na embalagem de leite nestlé, 14,5 g no óleo de cozinha golden sun, 19,7 g no habib ghee, 17,6 g no sufi ghee, 7,5 g no óleo dalda e 12,5 g no óleo kisan. Os dados mostraram que a concentração média de ácidos gordos livres foi de 12,589 g, a mais baixa foi de 4,65 na margarina blue band e a máxima foi de 24,5 na nata fresca.

Esta investigação é dedicada aos nossos queridos pais, amigos e professores que desempenharam um papel fundamental no nosso percurso educativo e rezaram pelo nosso sucesso.

ÍNDICE DE CONTEÚDOS

Capítulo 1   6

Capítulo 2   24

Capítulo 3   35

Capítulo 4   37

Capítulo 5   48

CAPÍTULO I

INTRODUÇÃO

História

Desde os primeiros trabalhos de **Chervil** e durante cerca de um século, os químicos isolaram os lípidos recorrendo apenas às propriedades de solubilidade dos solventes, à formação de sais de ácidos gordos que eram posteriormente caracterizados pela sua fórmula bruta e às temperaturas de ebulição ou de fusão. O período que se seguiu a 1935 foi marcado por novos e mais eficientes procedimentos para separar e estudar misturas de ácidos gordos. Estes procedimentos incluem a destilação de ésteres, a cristalização de complexos de ureia ou de vários sais metálicos, várias formas de cromatografia e distribuição em contracorrente. A descoberta, em meados de 1950, da cromatografia gás-líquido (GLC) revolucionou a análise dos ácidos gordos e, sem dúvida, esta técnica é a mais frequentemente utilizada. De facto, para a quantificação de ácidos gordos individuais em quaisquer lípidos acilados, a GLC deve ser adoptada. Nalguns outros estudos, devem ser consideradas técnicas complementares. Os estudos metabólicos implicam o conhecimento da intensidade da marcação de espécies moleculares com átomos radioactivos, enquanto os estudos de identificação requerem a separação e quantificação de ácidos gordos hidroxilados, de cadeia ramificada, trans ou conjugados. Todas estas investigações são mais facilmente realizadas com HPLC do que com procedimentos GLC, uma vez que os isómeros posicionais e conformacionais são mais facilmente separados por HPLC do que por GLC. Além disso, a HPLC é o método de eleição para separações à escala preparativa de determinados ácidos gordos para estudos estruturais ou metabólicos posteriores. Ao contrário da GLC, que privilegia a deteção por ionização de chama (FID), a escolha do detetor para a análise por HPLC é importante e determina o procedimento adotado. São possíveis várias detecções; as mais utilizadas são a dispersão da luz, o UV, a fluorescência e a radioatividade. Em geral, os ácidos gordos são separados por HPLC como moléculas derivadas, mas as formas não esterificadas também podem ser cromatografadas se forem utilizados sistemas de solventes ácidos. Para alguns fins precisos, apenas a quantidade de ácidos gordos deve ser conhecida. Os métodos globais são úteis quando o perfil dos ácidos gordos não faz parte do âmbito da investigação.

ÁCIDOS GORDOS

Os ácidos gordos são ácidos produzidos quando as gorduras são decompostas. São considerados "gorduras boas". Estes ácidos não são muito solúveis em água e podem ser utilizados como energia pela maioria das células. Podem ser monoinsaturados, polinsaturados ou saturados. São orgânicos, ou seja, contêm moléculas de carbono e de hidrogénio. Os ácidos gordos encontram-se nos óleos e noutras gorduras que compõem os diferentes alimentos. São uma parte importante de uma dieta saudável, porque o corpo precisa deles para vários fins. Os ácidos gordos ajudam a transportar o oxigénio através da corrente sanguínea para todas as partes do corpo. Os ácidos gordos também ajudam a manter a pele saudável, ajudam a prevenir o envelhecimento precoce e podem promover a perda de peso, ajudando o corpo a processar o colesterol. Mais importante ainda, ajudam a livrar as artérias da acumulação de colesterol. Outro objetivo dos ácidos gordos é ajudar as glândulas supra-renais e a tiroide, o que também pode ajudar a regular o peso. Por exemplo, o ómega 3. O ómega 3 é considerado um ácido gordo "essencial", tal como o ómega 6. Existe um outro, o ómega 9, mas este tipo pode ser facilmente produzido pelo corpo, enquanto os outros dois tipos não podem.Os ácidos gordos ómega 3 e ómega 6 encontram-se no peixe e em certas plantas. Uma vez que não podem ser produzidos no corpo, devem ser ingeridos sob a forma de alimentos ou suplementos naturais. No entanto, é importante discutir todos os suplementos com o seu profissional de saúde antes de começar a tomá-los.Os ácidos gordos essenciais são necessários para manter níveis saudáveis de lípidos no sangue. São também necessários para uma coagulação adequada e para regular a tensão arterial. Outra função importante é o controlo da inflamação em casos de infeção ou lesão. Os ácidos gordos essenciais podem também ajudar o sistema imunitário a reagir corretamente. Embora tenhamos tendência a pensar em todas as formas de "gorduras" como más ou pouco saudáveis, é importante perceber que certas gorduras, nomeadamente os ácidos gordos, são essenciais para uma saúde óptima.

ÁCIDOS GORDOS LIVRES (NÃO ESTERIFICADOS)

Ocorrência e Bioquímica

Os ácidos gordos livres ou não esterificados são componentes omnipresentes, embora menores, de todos os tecidos vivos. Nos animais, grande parte dos lípidos da dieta é hidrolisada em ácidos livres antes de ser absorvida e utilizada para a síntese de lípidos. Os lípidos intactos nos tecidos podem ser hidrolisados em ácidos livres por uma variedade de enzimas lipolíticas *(por exemplo,* lipase lipoproteica, lipase sensível às hormonas, fosfolípidos A), antes de serem metabolizados de várias formas, incluindo oxidação, dessaturação, alongamento ou reesterificação. Uma vez que os ácidos livres podem interagir com uma vasta gama de sistemas enzimáticos, tanto de forma específica como não específica, devem ser rapidamente sequestrados nos tecidos através de vários meios para garantir que as suas actividades sejam estreitamente reguladas, tal como referido por P.C.*et al.* em 2004.

Os ácidos gordos monoméricos no estado livre têm uma solubilidade muito baixa em meios aquosos. No soro, são transportados entre os tecidos ligados à proteína albumina, que tem até seis locais de ligação forte e um grande número de locais de ligação fraca onde são possíveis interacções não polares entre as cadeias de hidrocarbonetos dos ácidos gordos e as cadeias laterais de aminoácidos não carregados. Desta forma, a concentração de um ácido gordo de cadeia longa no soro pode ser aumentada até 500 vezes acima do seu máximo normal. No entanto, os ácidos gordos ligados podem difundir-se para a fase aquosa, onde são rapidamente absorvidos pelo folheto externo da membrana plasmática por mecanismos não enzimáticos. É então possível que os ácidos gordos atravessem a membrana de forma simples e rápida por um processo biofísico, ou seja, por "flip-flop", tal como referido por P.C.*et al.* em 2004.

Há também provas de que as proteínas transportadoras específicas podem estar envolvidas, em parte, na ativação através da formação de acil-coAprior para posterior esterificação, mas também para assegurar o transporte vetorial de modo a que os ácidos gordos específicos sejam dirigidos para fins específicos. É certo que, no interior da célula, uma família de proteínas de ligação ou de transporte de ácidos gordos tem funções essenciais nas vias de tráfico de ácidos gordos e na ativação de ácidos gordos, muitas das quais são específicas de determinados tecidos. Estas incluem a absorção de lípidos da dieta no intestino, a orientação dos ácidos gordos no fígado para as vias catabólicas ou anabólicas, a regulação do armazenamento no tecido adiposo, a orientação para as vias de β-oxidação no músculo e a manutenção da composição dos fosfolípidos nos tecidos neurais. Aparentemente, as células dispõem de vários mecanismos sobrepostos que asseguram a absorção suficiente e o movimento intracelular direcionado dos ácidos gordos necessários para as suas funções fisiológicas, tal como referido por P.C.*et al.* em 2004.

Para além do seu papel óbvio como fonte de energia, os ácidos gordos não esterificados podem atuar como segundos mensageiros necessários para a tradução de sinais externos, uma vez que podem ser produzidos rapidamente como consequência da ligação de agonistas específicos aos receptores da membrana plasmática. Deste modo, podem substituir os segundos mensageiros das vias dos inositideos. Os ácidos gordos são também eficazes para atuar em locais intracelulares específicos, de forma reversível, para amplificar ou modificar sinais. Por exemplo, influenciam as actividades das proteínas cinases fosfolipases, das proteínas G, dos adenilatos e dos granulados ciclados e de muitos outros processos metabólicos. Parte da ação dos ácidos gordos pode ocorrer indiretamente através do metabolismo do ácido araquidónico em eicosanóides. Por outro lado, existem muitas provas de que os ácidos gordos são, *por si só,* mensageiros que medeiam as respostas da célula aos sinais extracelulares. Muitas destas reacções são específicas de determinados ácidos gordos. Por exemplo, os ácidos gordos poli-insaturados, incluindo os ácidos docosahexaenóico e araquidónico, ligam-se ao recetor X do retinoide e induzem a sua ativação. Alguns processos relacionados parecem ocorrer nas plantas, tal como referido por P.C.*et al.* em 2004.

Além disso, nos tecidos animais, os ácidos gordos polinsaturados de cadeia longa estão envolvidos na regulação da expressão genética, visando principalmente os genes que codificam proteínas com funções no transporte ou no metabolismo dos ácidos gordos. A este respeito, os ácidos gordos (n-3) são mais potentes do que os ácidos gordos (n-6). Os ácidos gordos saturados de cadeia linear e monogénicos não parecem estar envolvidos no processo, mas, surpreendentemente, os ácidos gordos polimetil ramificados, como o fitânico e o pristânico, podem ter uma função deste tipo. Em algumas circunstâncias, tanto os ácidos livres propriamente ditos como os seus ésteres de coenzima A podem estar envolvidos. As proteínas de ligação aos ácidos gordos ligam os ácidos gordos de cadeia longa com elevada afinidade no citoplasma e transportam-nos para os núcleos, nos quais entram através dos poros nucleares, onde são capazes de formar complexos com receptores nucleares que lhes permitem regular a ativação dos receptores, como relatado por P.C.*et al.* em 2004.

Os mecanismos através dos quais ocorre a modulação da transcrição dos genes só estão parcialmente resolvidos, sendo este assunto objeto de um esforço de investigação considerável, especialmente no que diz respeito à família de factores de transcrição, ou seja, os receptores activados por proliferadores de peroxissoma (PPAR), nos núcleos das células. Os efeitos podem ser muito específicos, uma vez que diferentes ácidos gordos se ligam ou activam diferentes tipos de PPAR, embora o PPARa e o fator nuclear de hepatócitos 4a (HNF4a) sejam especialmente importantes. Em particular, os ácidos gordos poli-insaturados podem exercer efeitos benéficos através da regulação positiva da expressão dos genes que codificam as enzimas envolvidas na oxidação dos ácidos gordos, ao mesmo tempo que regulam negativamente os genes das enzimas envolvidas na síntese dos lípidos. Influenciam igualmente o metabolismo da glicose. Consequentemente, os ácidos gordos não esterificados podem atenuar os sintomas indesejáveis da síndrome metabólica e podem mesmo reduzir o risco de doença cardíaca. Em contrapartida, uma ativação anormal do PPAR pode ser um fator de toxicidade labial observada na obesidade, na resistência à insulina, na diabetes de tipo 2 e na hiperlipidemia. Níveis anormalmente elevados de ácidos gordos não esterificados no plasma, por exemplo, estão associados às patologias destes estados de doença. Além disso, aumentam consideravelmente as quantidades de lípidos bioactivos essenciais em tecidos como o pâncreas, o músculo esquelético e o tecido adiposo, tal como referido por *P.C.et al.* em 2004.

No entanto, alguns dos efeitos mediadores parecem ser independentes dos PPAR e são caracterizados pelo envolvimento de receptores de superfície celular. Assim, foram identificados vários receptores acoplados à proteína G para os ácidos gordos livres que funcionam à superfície das células e têm papéis importantes na regulação da nutrição. Alguns deles são activados por ácidos gordos livres de cadeia curta e outros por ácidos gordos livres de cadeia média e longa. Os primeiros são expressos preferencialmente nas células β pancreáticas e medeiam a secreção de insulina. Em certas células intestinais, pensa-se que existem as tais "moléculas de deteção de ácidos gordos", que reconhecem a presença de ácidos livres de cadeia longa na digestão. Estas estimulam a libertação da hormona colecistoquinina, que, por sua vez, provoca a contração da vesícula biliar e a libertação de bílis para facilitar a digestão. Com efeito, os ácidos gordos livres actuam como sensores de nutrientes para regular a homeostase energética, tal como referido por P.C.*et al.* em 2004.

Do mesmo modo, nas bactérias, foi demonstrado que o sistema de transporte e tráfico de ácidos gordos bacterianos conduz a uma regulação da expressão genética sensível aos ácidos gordos. Os ácidos gordos livres têm potentes propriedades antimicrobianas, antivirais e antifúngicas, e exercem esses efeitos em alguns sistemas vivos, especialmente na pele e na mucosa do pulmão. Uma vez que são detergentes potentes e inibem muitos sistemas enzimáticos de uma forma não específica, não é claro se as propriedades biocidas são também não específicas. Os ácidos gordos insaturados parecem ter os maiores efeitos, mas tal pode dever-se ao facto de se inserirem mais facilmente nas membranas, tal como referido por P.C.*et al.* em 2004.

Análise

A medição exacta das concentrações de ácidos gordos livres no plasma e nos tecidos pode ser uma medida útil do estado metabólico. Infelizmente, é muito fácil gerar ácidos livres de forma factual por armazenamento ou extração incorrecta. As lipases podem continuar a funcionar lentamente em alguns tecidos, mesmo a -20°C, e o processo acelera se os tecidos forem descongelados antes da extração. Numa importante série de experiências, foi demonstrado que, se os tecidos animais fossem pulverizados e extraídos a -70°C, apenas eram detectados níveis muito baixos de ácidos gordos livres, em comparação com procedimentos mais convencionais. As concentrações elevadas referidas ocasionalmente na literatura são obviamente impossíveis em tecidos vivos e devem-se a um manuseamento inadequado das amostras. Após a extração de lípidos dos tecidos através de um procedimento adequado, pode ser isolada uma fração de ácidos gordos livres por cromatografia em camada fina ou por cromatografia de extração em fase sólida numa fase de amina ligada. Esta fração pode ser metilada e analisada por cromatografia gasosa com um padrão interno, tal como referido por Kramer *et al.* em 1978.

Propriedades das gorduras e dos óleos

Para compreender o lugar das gorduras e dos óleos na alimentação e nas artes, é essencial algum conhecimento elementar das suas propriedades químicas e físicas. O objetivo desta secção é apresentar o mínimo de informação necessária, da forma mais simples possível, tal como referido por Macmillian *et al.* em 1922.

Composição química

As gorduras podem ser decompostas em glicerina e ácidos gordos. Esta forma de decomposição ocorre apenas na presença de humidade. Por cada molécula (uma molécula é a partícula mais pequena de uma substância que pode existir e continuar a apresentar as propriedades dessa substância) de glicerina libertada, são libertadas três moléculas de ácidos gordos. Durante este processo, são absorvidas três moléculas de água, em parte para ajudar a formar novamente a glicerina e em parte para ajudar a formar novamente os ácidos gordos. Inversamente (em laboratório), a gordura pode ser reconstituída a partir da glicerina e do ácido gordo, sendo libertadas três moléculas de água por cada molécula de gordura sintetizada, tal como referido por Macmillian *et al.* em 1922.

O processo de divisão de uma substância pela absorção de água é conhecido pelos químicos como hidrólise, uma palavra que é meramente grega para clivagem pela água. O processo é frequentemente designado por saponificação, uma vez que foi observado pela primeira vez no fabrico de sabão. O termo saponificação (em vez do termo mais exato hidrólise) é, no entanto, aplicado indiscriminadamente e de forma inadequada a qualquer alteração química desta natureza, quer se forme ou não sabão. Atualmente, na indústria, as gorduras são muitas vezes convertidas em glicerina e ácidos gordos - isto é, hidrolisadas - sem a formação de qualquer sabão. O sabão é apenas a combinação de um ácido gordo com um metal, ou seja, é um sal. Os sabões mais comuns são os sais de ácidos gordos do sódio (o sódio é um metal branco e macio obtido a partir do sal comum, cloreto de sódio) e do potássio. (O potássio é também um metal macio e branco obtido a partir de cinzas de madeira ou de certos minerais encontrados na Alemanha, Alsácia e noutros locais. Tanto o sódio como o potássio oxidam com grande rapidez quando expostos ao ar e, por isso, nunca são encontrados na natureza, exceto sob a forma dos seus compostos). Os sabões duros são sais de sódio; os sabões moles, sais de potássio. Os sais de ácidos gordos de amónio também são por vezes utilizados para limpeza. Apenas alguns outros sabões são de importância prática, por exemplo, os sabões de chumbo que são utilizados em emplastros medicinais, os sabões de zinco que são utilizados em pomadas e os sabões de alumínio que são utilizados na impermeabilização. Muito poucos dos sais de ácidos gordos têm as propriedades do sabão comum. A maioria deles é apenas ligeiramente solúvel em água e, portanto, não produz espuma e tem pouca ou nenhuma ação detergente (ou seja, de limpeza). No entanto, todos são designados pelos químicos como sabões, tal como referido por *Macmillianet al.* em 1922.

Triglicéridos e ácidos gordos

As gorduras podem ser divididas em glicerina e ácidos gordos, contendo a mistura resultante três moléculas de ácido gordo por cada molécula de glicerina. Devido a esta proporção de ácido em relação à glicerina, os compostos químicos encontrados na gordura antes da sua divisão são conhecidos pelos químicos como triglicéridos. Uma vez que existem vários ácidos gordos diferentes nas gorduras naturais, encontram-se na natureza muitos triglicéridos diferentes. Estes são designados de acordo com o ácido ou ácidos gordos que contêm. Assim, o trilião é o triglicérido do ácido oleico, a tripalmitina o do ácido palmítico, a estearina o do ácido esteárico, enquanto a mono palmitina-distearina contém, como o nome indica, uma molécula de ácido palmítico e duas de ácido esteárico. Embora se encontre uma grande variedade de ácidos gordos nas gorduras e óleos naturais, apenas alguns deles têm uma importância comercial notável. São eles o ácido mirístico, o ácido láurico, o ácido palmítico, o ácido esteárico e o ácido oleico. Embora o número de triglicéridos encontrados na natureza seja grande, os triglicéridos destes sete ácidos constituem a maior parte das gorduras e óleos naturais. As gorduras e os óleos são praticamente sempre misturas de triglicéridos em proporções variáveis. Nalgumas gorduras predomina um triglicérido, noutras predomina outro e noutras ainda estão presentes vários triglicéridos em quantidades significativas. Aparentemente, nenhuma gordura ou óleo natural é constituído apenas por um único triglicérido. As propriedades das diferentes gorduras e óleos dependem das características dos triglicéridos de que são misturas e das proporções destes triglicéridos entre si. As gorduras de diferentes espécies de animais e plantas variam muito. De facto, a gordura de uma dada fonte natural, por exemplo, de uma dada espécie animal ou vegetal, pode conter os mesmos triglicéridos em proporções ligeiramente diferentes, dependendo das condições do ambiente que prevaleceram durante a formação da gordura. Foi referido na secção anterior que as propriedades da gordura de um animal variam um pouco com a dieta e também com o tecido do qual é obtida. Foi igualmente referido que um fruto pode produzir duas gorduras com propriedades diferentes, uma da polpa e outra da amêndoa. No caso das plantas, a gordura pode também variar consoante a variedade cultural da planta e as condições climáticas e edáficas em que a planta foi cultivada. Assim, os óleos de linhaça da Argentina, da Índia, da Rússia e dos Estados Unidos têm propriedades químicas e físicas ligeiramente diferentes. Uma vez que as gorduras e os óleos são meras misturas mecânicas de triglicéridos, é possível, em muitos casos, separá-los mais ou menos completamente nos triglicéridos que os compõem através de meios mecânicos simples, refrigeração e pressão. Estes processos têm uma importância comercial considerável, como, por exemplo, a separação da banha em óleo de banha e estearina de banha ou do sebo de vaca em óleo de oleo e oleostearina. Neste caso, basta assinalar que todos eles possuem a propriedade caraterística dos ácidos em geral, ou seja, a de se combinarem com bases para formar sais. Estes sais, como já foi referido, são conhecidos como sabões, quer tenham ou não ação detergente. Além disso, todos os ácidos gordos contêm carbono, hidrogénio e uma pequena proporção de oxigénio. Diferem entre si pelo número de átomos de carbono em cada molécula, pela proporção de carbono em relação ao oxigénio que as suas moléculas contêm e também pela proporção de carbono em relação ao hidrogénio. É destas proporções que dependem, em grande medida, as propriedades físicas e químicas dos ácidos e dos seus triglicéridos, tal como referido por Hollemann *et al.* em 1904.

Ácidos gordos saturados e insaturados

Quando a molécula de ácido gordo contém o máximo de hidrogénio possível, diz-se que o ácido é um ácido gordo saturado. É saturado em relação ao hidrogénio. Os ácidos mirístico, láurico, palmítico e esteárico são ácidos saturados. São sólidos a temperaturas normais. Quando, no entanto, a molécula de ácido gordo não contém a quantidade máxima de hidrogénio possível, diz-se que o ácido é um ácido gordo insaturado. É insaturado em relação ao hidrogénio. Estes ácidos insaturados são os ácidos oleico, linólico e linolénico. São líquidos a temperaturas normais. Por meios químicos, estes ácidos podem ser levados a absorver, ou seja, a combinar-se com o hidrogénio. Este processo é conhecido como hidrogenação. Converte um ácido gordo mais insaturado num outro menos insaturado ou, se a hidrogenação for levada até ao fim, num ácido gordo saturado. Assim, por hidrogenação, o ácido oleico é convertido em ácido esteárico. O ácido linólico, quando hidrogenado, pode absorver duas vezes mais hidrogénio do que o ácido oleico e o ácido linolénico três vezes mais. O ácido linólico é, portanto, um ácido mais insaturado do que o oleico, enquanto o ácido linolénico é mais insaturado do que o linólico. Os ácidos gordos insaturados podem ser combinados com outras substâncias em vez de se combinarem com o hidrogénio. Por exemplo, podem ser levados a absorver iodo ou oxigénio. Os ácidos com um baixo grau de insaturação, como o ácido oleico, não se combinam com o oxigénio com grande avidez, mas os ácidos com um grau de insaturação mais elevado, como o linólico ou o linolénico, combinam-se muito facilmente com ele; fazem-no por simples exposição ao ar, como relatado por Macmillian *et al.* em 1922. As propriedades dos ácidos gordos acima descritas, que dependem do seu grau de saturação ou insaturação em relação ao hidrogénio, são mantidas por eles quando estão em combinação com a glicerina como triglicéridos. Assim, as diferentes gorduras são também mais ou menos saturadas, conforme contenham maiores ou menores proporções de triglicéridos de ácidos gordos saturados ou insaturados. Quando as gorduras contêm grandes quantidades de trilinolina e trilinolenina, estas absorvem avidamente o oxigénio. É, pois, da presença destes triglicéridos insaturados que dependem as propriedades dos óleos secantes. Formam películas de tipo resinoso quando o oxigénio é absorvido, porque os produtos de oxidação destes triglicéridos insaturados são sólidos relativamente insolúveis. Esta reação, tal como já foi referido, baseia-se no comportamento das tintas, tal como referido por Macmillian *et al.* em 1922.

Medidas de insaturação

É óbvio, portanto, que é importante para os utilizadores industriais de gorduras conhecer o grau de insaturação de uma determinada parcela de gordura. Este pode ser determinado através da determinação da quantidade de hidrogénio necessária para a converter numa gordura saturada. Na prática, este é um procedimento complicado, pelo que se recorre a métodos mais simples. O mais simples deles é a determinação da quantidade de iodo que pode ser combinada com a gordura. A percentagem em peso de iodo absorvido pela gordura no estado natural é conhecida como o *número de iodo*. Trata-se de um índice do grau de insaturação da matéria gorda. A análise do quadro mostra que as matérias gordas com os índices de iodo mais elevados são os óleos secantes por excelência, o óleo de linhaça e o óleo de tungue, com os quais se deve também classificar o óleo de peixe menhaden, tal como indicado em 1926.

Outros testes úteis

Existem, evidentemente, muitos outros testes para além da absorção de iodo que são utilizados na prática comercial. Este não é o local para os discutir em pormenor. No entanto, alguns deles merecem ser mencionados de passagem. O índice de iodo de uma gordura indica-nos o grau de insaturação da gordura. Não nos diz se a insaturação resulta da presença apenas de trioleína, apenas de trilinolina, apenas de trilinolenina ou de uma mistura das três. Dado que as qualidades de secagem dependem principalmente da trilinolina e da trilinolenina, os fabricantes de tintas nem sempre ficam satisfeitos com a determinação do índice de iodo. Nestes casos, determinam a quantidade de oxigénio que o óleo testado absorve em condições normais. Dado que a absorção de oxigénio é feita principalmente pela trilinolina e pela trilinolenina, este ensaio é utilizado para complementar o índice de iodo. Na secção anterior, referiu-se que as gorduras são frequentemente decompostas e rançosas e que contêm ácidos gordos livres, ou seja, ácidos não combinados com glicerina. Foi também referido que é importante para o utilizador industrial conhecer a quantidade de ácidos gordos livres presentes, uma vez que esta determina em grande medida a perda de refinação. A quantidade de ácido gordo livre é estimada através da determinação da quantidade de álcali que deve ser adicionada à gordura para a tornar completamente neutra. Por vezes, para além de estimar o ácido gordo livre desta forma, é também determinada a perda real na refinação. Isto é feito aquecendo uma quantidade conhecida de gordura com uma solução aquosa forte de soda cáustica, que converte o ácido gordo livre em sabão (a soda cáustica é um composto de um átomo de sódio, oxigénio e hidrogénio; a sua fórmula é, portanto, NaOH). O seu nome científico correto é hidróxido de sódio. Também é conhecida como soda cáustica ou simplesmente como soda cáustica. É muito alcalino e corrosivo). Retira-se então o sabão e determina-se a quantidade de gordura que resta. A perda é estimada subtraindo esta quantidade à quantidade de gordura inicialmente tomada para o ensaio. A quantidade e a intensidade da solução de soda cáustica, a temperatura e a duração do tratamento são escolhidas de modo a que apenas o ácido gordo livre e outras impurezas presentes no óleo sejam removidos e que a saponificação da gordura neutra seja reduzida ou nula, como indicado em 1927.

Como também foi referido na primeira secção, muitas gorduras brutas, quando chegam ao mercado, são naturalmente muito coloridas ou tornaram-se assim devido à decomposição. Uma vez que, para muitas utilizações, essas gorduras devem ser descoloridas, a facilidade com que isso pode ser feito é um fator importante na determinação do seu valor comercial. Assim, um dos testes mais comuns aplicados às gorduras é o teste da capacidade de branqueamento. Este teste é efectuado misturando um determinado peso de gordura refinada com um determinado peso de terra de Fuller e estimando depois a quantidade de cor que permanece na gordura ou no óleo após este tratamento. (A terra de Fuller é um tipo especial de argila que tem a propriedade de absorver matérias corantes. O seu nome deriva do facto de ter sido utilizada no enchimento de tecidos para remover a gordura). Muitas gorduras e óleos contêm substâncias que não são triglicéridos. Estas podem ser constituintes naturais ou podem ser adulterantes ou contaminantes. A presença de uma proporção considerável destas substâncias reduz, naturalmente, o valor comercial da gordura. O mais comum é a humidade. Esta é calculada de forma muito simples, colocando uma porção pesada de gordura num forno aquecido a uma temperatura ligeiramente superior à da água a ferver. A humidade é assim expulsa. A gordura é então novamente pesada; a perda é considerada como humidade. A determinação dos materiais não gordurosos, com exceção da água, é efectuada através da saponificação da gordura por aquecimento com soda cáustica forte ou solução de potassa, até que todos os triglicéridos tenham sido decompostos em glicerina e sabão (a potassa cáustica é o composto de potássio análogo à soda cáustica). O que resta é a parte não triglicérida da gordura e pode ser pesado. É a chamada matéria insaponificável. Na prática, o processo não é tão simples como isto, mas o princípio básico está corretamente enunciado acima. A determinação das matérias insaponificáveis não deve ser confundida com o índice de saponificação de uma matéria gorda. O índice de saponificação é o número de miligramas de hidróxido de potássio necessários para converter completamente um grama de matéria gorda em glicerina e sabão de potássio. Fornece informações sobre o carácter dos ácidos gordos da matéria gorda e, em particular, sobre a solubilidade dos seus sabões em água. Quanto mais elevado for o índice de saponificação de uma matéria gorda isenta de humidade e de matérias insaponificáveis, mais solúvel será o sabão que dela se pode fazer. Esta informação é de especial importância para os fabricantes de sabão. O exame desta tabela mostra que a manteiga se situa ao lado do óleo de palmiste e do óleo de coco como tendo um índice de saponificação muito elevado. Isto deve-se ao facto de os seus triglicéridos conterem quantidades apreciáveis de ácido mirístico e pequenas quantidades de ácido láurico, ambos os quais, quando formam sabão, se combinam com relativamente mais sódio do que os ácidos mais comuns das gorduras. Estes ácidos encontram-se na manteiga não compensada em combinação química como triglicéridos. Os seus sabões de sódio são bastante solúveis em água. O elevado índice de saponificação do óleo de coco e do óleo de palmiste deve-se à grande proporção de ácido láurico e ácido mirístico que contêm. Por conseguinte, estes óleos produzem sabões bastante solúveis. Antes de abandonar o tema dos testes químicos comerciais das gorduras, o teste do título merece ser mencionado, pois é de grande importância em certos sectores da indústria. O *título* de uma gordura ou de um óleo é a temperatura a que a mistura de ácidos gordos deles derivados solidifica depois de ter sido fundida. O teste é efectuado em várias etapas. Em primeiro lugar, a gordura é completamente saponificada, geralmente por aquecimento com uma solução de soda cáustica. Em seguida, a mistura de sabões assim obtida é tratada com um ácido forte, geralmente sulfúrico, que retira o sódio dos sabões, convertendo-os assim em ácidos gordos livres. Depois de lavados e secos, são fundidos e regista-se a temperatura a que a massa fundida solidifica quando arrefecida. Esta temperatura dá um índice da consistência da gordura original, uma questão de grande importância para os fabricantes de velas e de produtos como a margarina, em que a consistência e a textura são da maior importância. Por último, a viscosidade de uma matéria gorda é uma propriedade de importância comercial, nomeadamente para os fabricantes de lubrificantes. É normalmente estimada comparando o tempo que um determinado volume de óleo (ou gordura derretida) leva a fluir através de um tubo de pequeno diâmetro, ou através de um pequeno orifício, com o tempo que leva um volume idêntico de água. O óleo de rícino tem a viscosidade mais elevada de todas as gorduras que são fluidas a temperaturas normais. O azeite tem a viscosidade mais elevada de todos os óleos vegetais comuns. As viscosidades variam muito com a temperatura. Quando as gorduras são arrefecidas até ao ponto de solidificação, já não se pode dizer que sejam viscosas. Tornam-se plásticas

Preparação de ácidos gordos

Os ácidos gordos podem ser encontrados em quantidades escassas na forma livre mas, em geral, estão combinados em moléculas mais complexas através de ligações éster ou amida. O isolamento de ácidos gordos livres de materiais biológicos é uma tarefa complexa e devem ser sempre tomadas precauções para evitar ou minimizar os efeitos das enzimas hidrolisantes, tal como referido por Battistutta F *et al.1 em* 1994.

Ácidos gordos livres

Foi descrito anteriormente um procedimento simples que utiliza a cromatografia em coluna de gel de sílica com uma eluição ácida dos ácidos gordos. Além disso, os ácidos gordos livres podem ser isolados durante a separação por TLC dos acilgliceróis, mas também podem ser recolhidos durante a separação por HPLC dos lípidos neutros. Podem ser metilados, produzindo ésteres metílicos de ácidos gordos (FAME), ou reagidos com vários marcadores de absorção de UV ou fluorescentes. Quando os ácidos gordos (de cadeia média e longa) se encontram em meio aquoso, podem ser extraídos com precisão utilizando uma pequena coluna de fase ligada C18 (SPE). Este método foi também utilizado para isolar ésteres etílicos de ácidos gordos de bebidas alcoólicas. Em pouco tempo, os cartuchos SPE são preparados em lavagem com metanol e água. São passados 50 ml de líquido através da coluna, seguidos de uma lavagem com água acidificada. Os analitos são eluídos com 2 ml de diclorometano e 2,5 ml de pentano, tal como referido por Battistutta F *et al.1 em* 1994. Foi descrita a extração de ácidos gordos de cadeia longa de meios de fermentação e efluentes industriais com uma recuperação de 98 a 100%. A recuperação máxima foi obtida adicionando 2 ml de hexano/éter metílico tar-butílico (1/1), 80μl de H_2SO_4 a 50% e 0,05 g de NaCl a 1 ml da amostra aquosa e misturando durante 15 min a 200 rpm. Obteve-se uma recuperação inferior apenas para os ácidos caproico (C6:0) e caprílico (C8:0): recuperações de 27 e 76%, respetivamente, tal como referido por Lalman *et al. em* 2004.

A bainha de uma fibra de 30 m de espessura foi incubada a 110°C durante 80 min no meio acidificado e depois colocada no injetor de um cromatógrafo de gás cuja temperatura foi aumentada de 100°C para 245°C. Infelizmente, ocorreu uma perda progressiva e rápida de sensibilidade com a diminuição do comprimento da cadeia de ácidos gordos. Assim, foi necessário determinar os factores de resposta de cada ácido gordo em relação a um padrão interno (C17). As vantagens deste procedimento de extração são a preparação reduzida da amostra, a ausência de solventes orgânicos, a deteção de ácidos gordos de cadeia curta e uma boa reprodutibilidade, tal como referido por Tomaino *et al. em* 2001.

Foi proposto um método de extração e derivatização numa só fase, essencialmente baseado numa micro-extração líquido-líquido dispersiva. Este método simples e rápido, que utiliza o clorofórmio de etilo como reagente de derivatização, foi aplicado na determinação de ácidos gordos livres em água (da torneira, de lagos, do mar e de rios), tal como referido por Pusuasriene *et al.* em 2009.

Os ácidos gordos de cadeia curta (C1 a C5) presentes em amostras biológicas necessitam de um tratamento especial, tendo em conta a sua volatilidade. Assim, um procedimento simples e eficiente que utilize uma transferência em vácuo seguida de HPLC permite a determinação exacta destes ácidos na gama nanomolar em tecidos e secreções. Um procedimento eficiente utilizando uma extração com uma fibra oca acoplada à cromatografia gasosa foi relatado por Zhao G *et al. em* 2007.

A aplicação da cromatografia gasosa acoplada à espetrometria de massa após microextracção em fase sólida do espaço livre foi aplicada com grande precisão e sensibilidade à determinação de ácidos gordos voláteis livres em amostras aquosas. Foram obtidos resultados valiosos para a determinação de ácidos gordos C2-C7 em águas residuais brutas, tal como referido por Abalos M *et al. em* 2000.

Os ácidos gordos de cadeia média livres na cerveja foram extraídos por adsorção numa barra de agitação específica. Foi descrita a determinação dos ácidos caproico, caprílico, cáprico e láurico com extração por solvente. O procedimento utilizou 10ml de amostra, agitando com a barra de agitação a 1000rpm durante 60min à temperatura ambiente. A retroextracção com solvente utilizou 200µl de solvente (diclorometano/hexano, 50/50) à temperatura ambiente, tal como referido por Horak *et al.* em 2008.

Análise de ácidos gordos

Os ácidos gordos são indicadores do valor nutricional de um produto. Uma molécula de ácido gordo é composta por uma cadeia de átomos de carbono. Os lípidos contêm uma variedade de ácidos gordos que ajudam a determinar as propriedades físicas das gorduras e dos óleos. A cromatografia gasosa (CG) é utilizada para determinar as identidades e as quantidades de ácidos gordos individuais presentes. Os valores dos ácidos gordos podem ser comunicados como percentagens relativas do total de ácidos gordos presentes ou como percentagens de peso da amostra total. A Euro fins oferece vários testes baseados em composições de ácidos gordos para responder a uma variedade de necessidades.

ÁCIDOS GORDOS CONJUGADOS

Os ácidos gordos conjugados são uma classe especial de ácidos gordos poli-insaturados em que as ligações duplas estão separadas por apenas uma ligação simples. O Ácido Linólico Conjugado (CLA) encontra-se normalmente na carne e nos produtos lácteos. A investigação indica que o CLA pode atuar como um anti-carcinogéneo e promover a saúde cardiovascular

EPA e DHA pelo método da monografia GOED

A Global Organization for EPA and DHA (GOED) publicou um livro branco que descreve os benefícios dos ácidos gordos ómega 3 de cadeia longa na saúde humana. O livro branco, que pode ser descarregado do sítio Web da GOED (www.goedomega3.com), conclui que os ácidos gordos ómega 3 (especialmente o ácido eicosa pentaenóico (EPA) e o ácido docosa hexaenóico (DHA)) são importantes para a saúde em geral e têm um papel especial a desempenhar na promoção da saúde do coração. A análise exacta e precisa dos ácidos gordos ómega 3 de cadeia longa (particularmente EPA e DHA) é essencial quando se comercializam matérias-primas e/ou produtos acabados, tais como cápsulas de gel. O EPA e o DHA podem estar presentes em diferentes formas químicas, como resultado do processo de purificação e enriquecimento aplicado, tais como tri-glicéridos naturais, ésteres etílicos e triglicéridos reformulados. Para analisar com exatidão todas estas fontes potenciais é necessário um método muito robusto. Para esse efeito, a Euro fin Scientific validou a monografia voluntária do GOED para a determinação de EPA, DHA e ácidos gordos ómega 3 totais, tal como relatado por Heinz *et al. em* 1983.

Teste de qualidade de lípidos, óleos e gorduras

Teste de qualidade de lípidos, óleos e gorduras Óleos, gorduras e lípidos são nomes relativamente intercambiáveis para uma variedade de compostos químicos que partilham solubilidades comuns em solventes orgânicos, tais como éter e clorofórmio ou metanol. Os laboratórios da Euro fins podem efetuar uma série de análises relevantes para determinar a qualidade e/ou as propriedades físicas de gorduras e óleos. Os serviços incluem:

O Índice de Iodo (IV) é o número de gramas de iodo absorvido por 100 gramas de gordura. Este valor é utilizado para medir o grau relativo de insaturação das gorduras.

O MIU é o total da humidade, das impurezas insolúveis e da matéria insaponificável presentes no óleo. Este valor fornece informações sobre os componentes não gordurosos/óleos de gorduras e óleos para alimentação humana e animal. O MIU é utilizado principalmente para selecionar materiais recebidos para aplicações industriais.

O título é uma medida da dureza da gordura. É determinado através da fusão da gordura e da medição da temperatura de congelação em graus centígrados. Quanto mais elevado for o valor do título, mais dura é a gordura à temperatura ambiente.

O ranço em géneros alimentícios e alimentos para animais pode resultar da oxidação do componente lipídico da amostra, da deterioração microbiológica da amostra ou de ambos. Devido à falta de uma definição universalmente aceite de rancidez, nenhum teste de rancidez único satisfará as necessidades de todos os clientes. Diz-se que os óleos se tornam rançosos quando sofrem um processo de degradação conhecido como oxidação. Uma variedade de compostos químicos, tais como peróxidos, aldeídos e ácidos gordos livres são criados à medida que o óleo oxida. Os testes que se seguem são os mais frequentemente solicitados para monitorizar ou prever a degradação oxidativa.

O TBA Rancidity monitoriza certos tipos de aldeídos que se formam quando uma gordura ou óleo oxida. Estes aldeídos reagem com o ácido 2-tiobarbitúrico (TBA) para formar um complexo que é facilmente medido.

Ácidos gordos livres (AGL) é a quantidade de ácidos gordos livres (não ligados). Quando as gorduras e os óleos ficam rançosos, os ácidos gordos individuais são libertados e tornam o material ligeiramente ácido. O teste FFA mede esta acidez e exprime-a numa base de ácidos gordos. **O índice de peróxidos (PV)** é uma medida do estado atual de rancidez do óleo. Também designado por índice de peróxidos inicial (IPV), uma vez que é determinado numa amostra apresentada. O resultado é expresso em equivalentes de peróxido por quilograma de gordura.

O teste de **estabilidade do óleo** indica a capacidade da gordura para resistir ao ranço. A gordura é aquecida enquanto o ar (oxigénio) borbulha através dela, provocando uma degradação acelerada. A reação do óleo a este processo é avaliada através de dois testes diferentes.

Índice de Estabilidade do Óleo (OSI): À medida que os óleos se degradam, acabam por atingir um ponto crítico em que a oxidação aumenta exponencialmente e a gordura torna-se rapidamente rançosa. Este ensaio monitoriza o ácido fórmico produzido pela gordura à medida que esta se degrada e indica o número de horas em que ocorre o pico de ranço.

Método do Oxigénio Ativo (MOA) Para este método, o índice de peróxidos (PV) é medido após um determinado período de tempo (normalmente 20 horas) depois de ter sido exposto a condições de stress (calor e oxigénio). Em alternativa, o índice de peróxidos pode ser verificado periodicamente até o óleo atingir um valor claramente rançoso (100 meq/kg), sendo o número de horas indicado tal como indicado por Maton *et al.* em 1993.

OUTROS TESTES LIPÍDICOS

A Euro fins Scientific, Inc. oferece todos os testes acima referidos, bem como os seguintes testes de lípidos de interesse para as indústrias de alimentos para animais e de animais de companhia:

- Testes de cor

- Ponto de inflamação

- Ponto de fusão, capilar

- Mono, Di e Triglicéridos

- Perda de óleo neutro (NOL)

- Perda de refinação

- Índice de saponificação

- Ponto de fumo

- Sabão por titulação

- Índice de gordura sólida

- Ácidos gordos totais de acordo com Maitland *et al.em* 1998.

Ácidos gordos

Os ácidos gordos do sangue encontram-se sob diferentes formas em diferentes fases da circulação. São absorvidos através do intestino em quilomícrons, mas também existem em lipoproteínas de muito baixa densidade (VLDL) após processamento no fígado. Além disso, quando libertados das adiposidades, os ácidos gordos existem no sangue sob a forma de ácidos gordos livres, tal como referido por Lodish *et al.* em 2003.

Ingestão intestinal

Os ácidos gordos de cadeia curta e média são absorvidos diretamente no sangue através dos capilares do intestino e viajam através da veia porta. Os ácidos gordos de cadeia longa, por outro lado, são demasiado grandes para serem libertados diretamente nos capilares do intestino delgado. Em vez disso, são revestidos com colesterol e proteínas (revestimento proteico das lipoproteínas), formando um composto denominado quilomícron. O quilomícron entra num capilar linfático e entra na corrente sanguínea primeiro na veia subclávia esquerda (tendo contornado o fígado). De qualquer forma, a concentração de ácidos gordos no sangue aumenta temporariamente após uma refeição, tal como referido por Lodish *et al.* em 2003.

Captação de células

Após uma refeição, quando a concentração sanguínea de ácidos gordos aumenta, verifica-se um aumento da absorção de ácidos gordos em diferentes células do organismo, principalmente nas células do fígado, nas adiposidades e nas células musculares. Esta absorção é estimulada pela insulina do pâncreas. Como resultado, a concentração sanguínea de ácidos gordos estabiliza novamente após uma refeição, tal como referido por *Lodishet al.* em 2003.

Secreção celular

Após uma refeição, uma parte dos ácidos gordos absorvidos pelo fígado é convertida em lipoproteínas de muito baixa densidade (VLDL) e novamente segregada no sangue. Além disso, quando já passou muito tempo desde a última refeição, a concentração de ácidos gordos no sangue diminui, o que faz com que as adiposidades libertem ácidos gordos armazenados no sangue sob a forma de ácidos gordos livres, para fornecer energia, por exemplo, às células musculares. De qualquer modo, também os ácidos gordos segregados das células são novamente absorvidos por outras células do corpo, até entrarem no metabolismo dos ácidos gordos, tal como referido por Lodish *et al.* em 2003.

Colesterol

O destino do colesterol no sangue é altamente determinado pela sua constituição em lipoproteínas, em que alguns tipos favorecem o transporte para os tecidos do corpo e outros para o fígado para excreção nos intestinos. O relatório de 1987 do National Cholesterol Education Program, Adult Treatment Panels sugere que o nível de colesterol total no sangue deve ser: <200 mg/dl colesterol normal, 200-239 mg/dl limítrofe-elevado, >240 mg/dl colesterol elevado. A quantidade média de colesterol no sangue varia com a idade, aumentando gradualmente até aos 60 anos. Parece haver variações sazonais nos níveis de colesterol nos seres humanos, mais, em média, no inverno, tal como referido por Chiriboga *et al.* em 2004.

Estas variações sazonais parecem estar inversamente ligadas à ingestão de vitamina C, tal como referido por MacRury *et al.* em 1992.

Ingestão intestinal

Na digestão dos lípidos, o colesterol é transformado em quilomícrons no intestino delgado, que são enviados para a veia porta e para a linfa. Os quilomícrons são finalmente absorvidos pelos hepatócitos através da interação entre a apolipoproteína E e o recetor de LDL ou as proteínas relacionadas com o recetor de lipoproteínas, tal como referido por Dobson *et al.* em 1984.

Nas lipoproteínas

O colesterol é minimamente solúvel em água; não se pode dissolver e viajar na corrente sanguínea à base de água. Em vez disso, é transportado na corrente sanguínea pelas lipoproteínas - "malas moleculares" proteicas que são solúveis em água e transportam internamente o colesterol e os triglicéridos. A apolipoproteína-E que forma a superfície de uma determinada partícula de lipoproteína determina de que células o colesterol será removido e para onde será fornecido. As maiores lipoproteínas, que transportam principalmente gorduras da mucosa intestinal para o fígado, são denominadas quilomícrons. Transportam sobretudo gorduras sob a forma de triglicéridos. No fígado, as partículas de quilomícrons libertam triglicéridos e algum colesterol. O fígado converte os metabolitos alimentares não queimados em lipoproteínas de muito baixa densidade (VLDL) e segrega-as para o plasma, onde são convertidas em lipoproteínas de densidade intermédia (IDL), que depois são convertidas em partículas de lipoproteínas de baixa densidade (LDL) e em ácidos gordos não esterificados, que podem afetar outras células do organismo. Em indivíduos saudáveis, as relativamente poucas partículas de LDL são grandes. Em contrapartida, um grande número de partículas de LDL pequenas e densas (sdLDL) está fortemente associado à presença de doença ateromatosa nas artérias. As partículas de lipoproteínas de alta densidade (HDL) transportam o colesterol de volta para o fígado para ser excretado, mas a sua eficácia para o fazer varia consideravelmente. Em contrapartida, a presença de pequenas quantidades de partículas HDL grandes está associada de forma independente à progressão da doença ateromatosa nas artérias, tal como referido por Dobson *et al.* em 1984.

Secreção celular

Em resposta a um nível baixo de colesterol no sangue, diferentes células do organismo, principalmente no fígado e nos intestinos, começam a sintetizar colesterol a partir de acetil-CoA através da enzima HMG-CoA redutase. Este é depois libertado no sangue, tal como referido por *Darlingtonet al.* em 2003.

CAPÍTULO II

REVISÃO DA LITERATURA

Bill *et al.*, em 1963, estudaram a determinação dos ácidos gordos livres das gorduras do leite através de cromatografia gás-líquido, empregando dois padrões internos. Os ácidos gordos livres foram isolados das gorduras por meio de uma resina básica de permuta aniónica, convertidos em ésteres metílicos e extraídos com cloreto de etilo. A solução de cloreto de etilo dos ésteres metílicos foi então concentrada com um sistema especial de refluxo antes da cromatografia para evitar a perda dos ésteres mais voláteis. Foram calculados factores adequados para relacionar a quantidade de padrões internos adicionados com a quantidade de ácidos gordos livres naturalmente presentes.

Robertson *et al.*em 1966, num estudo de cromatografia gasosa dos ésteres metílicos de ácidos gordos livres, revelaram que a concentração relativa de ácidos gordos livres hidrolisados pela lipase do leite a partir da gordura do leite a pH 7,0 e pH 8,6 era afetada pela concentração do substrato da gordura do leite, temperatura de incubação e inibidores. Dezoito ésteres metílicos foram separados e 11 foram identificados. Em geral, os ésteres não identificados estavam presentes em concentrações mais elevadas na mistura de ácidos gordos livres após a lipólise do que no substrato saponificado. Tanto a pH 7,0 como a pH 8,6, a concentração de substrato estava inversamente relacionada com a concentração relativa dos ácidos gordos livres de cadeia curta (C-6 a C-12). Os ácidos de cadeia curta estavam em maior concentração quando o ensaio era efectuado a pH 8,6 do que a 7,0, ao passo que as concentrações de vários ácidos desconhecidos apresentavam uma relação inversa com o pH. Em comparação com o controlo, verificou-se que o cloreto férrico não tem qualquer efeito na concentração relativa dos ésteres metílicos dos ácidos gordos livres a pH 7,0, mas provoca um aumento acentuado da concentração relativa dos ésteres de cadeia longa conhecidos e não identificados a pH 8,6. As alterações na distribuição dos ácidos gordos livres causadas pela presença de cloreto cúprico e de fluorofosfatos de isopropilo (DFP) durante a lipólise não excederam 10% do controlo. Verificou-se que a concentração relativa dos ésteres metílicos dos ácidos gordos de cadeia curta aumentava e que a dos ésteres metílicos de cadeia longa diminuía quando a temperatura da lipólise era alterada de 37 para 4 C a pH 8,6.

Szabo *et al.*, em 1977, investigaram a produção de embolia pulmonar em coelhos através da injeção intravenosa de 0,5 ml/kg de peso corporal de trifoliato de glicerol e óleo mineral. O peso do pulmão, o conteúdo pulmonar de lípidos totais, esterificados e ácidos gordos livres aumentaram em ambos os grupos, mas a concentração de ácidos gordos livres aumentou apenas nos animais injectados com gordura neutra. A injeção de óleo mineral produziu estase e hemorragia; a gordura neutra produziu exsudação de líquido seroso para os alvéolos e uma reação inflamatória. Houve diferenças definitivas entre os efeitos pulmonares da embolia de óleo mineral e da embolia de gordura neutra. As observações apoiam a hipótese de que as alterações pulmonares na embolia gorda se devem ao efeito tóxico dos ácidos gordos livres libertados da gordura neutra embolizada.

Victor *et al.*, em 1984, investigaram que a isquemia miocárdica, quer produzida por ligadura da artéria coronária, quer por perfusão hipóxica de baixo fluxo do coração isolado de rato, demonstrou estar associada a uma depressão significativa da função mitocondrial, bem como a um aumento dos níveis de ácidos gordos livres (AGL) nos tecidos. Embora os efeitos dos AGL na função de fosforilação oxidativa mitocondrial in vitro estivessem bem estabelecidos, ainda não tinha sido demonstrado que o aumento dos níveis teciduais de AGL estava a causar a depressão da função mitocondrial na isquemia. Utilizando o coração de rato isolado por fusão, foram realizadas várias experiências para obter mais informações sobre (i) a validade da técnica de extração de AGL de Dole; (ii) os factores de controlo; (iii) a relação entre os AGL teciduais e a função mitocondrial e (iv) as fontes de AGL teciduais na isquemia. A perfusão com (i) Ringer sem substrato e (ii) fosfatidilcolina permitiu uma elevação significativa dos AGL teciduais. A elevação dos AGL teciduais obtida por perfusão com ácidos gordos de cadeia longa deveu-se à acumulação extracelular. Foi observada uma redução dos níveis de AGL teciduais através da per-fusão com (i) albumina, (ii) glucose, insulina e propranol. Os nossos resultados também sugerem que o envolvimento lipossómico poderia causar o aumento dos níveis de AGL teciduais na isquemia miocárdica.

Kim Ha *et al.* em 1990, investigaram que os ácidos gordos livres voláteis ($<C_{12}$) no queijo parmesão e nas gorduras do leite foram extraídos com éter dietílico: hexano, adsorvidos em alumina neutra, eluídos da alumina com ácidos fórmicos em éter isopropílico e separados dos ácidos gordos de cadeia longa por destilação-extração simultânea. Os ácidos gordos voláteis de cadeia ramificada nos extractos lipídicos totais foram isolados de forma semelhante após hidrólise alcalina. Os ésteres butílicos dos ácidos gordos isolados foram preparados, extraídos para pentano, lavados com metanol: água e analisados numa coluna capilar de polietilenoglicol ligado (Supelcowax10). Os ésteres de ácidos gordos foram identificados por espetroscopia de massa por cromatografia gasosa e quantificados por cromatografia gasosa utilizando ácidos 2-etilnonanóicos como padrão interno. Para além dos ácidos gordos com número par de átomos de carbono, foram identificados os ácidos 2-metilbutanóico, 3-metilbutanóico, 2-etilbutanóico, pentatónico, 3-metilpentanóico, 4-metilpentanóico. Foram identificados e quantificados os ácidos 2-etil-hexanóico, 4-metil-hexanóico,

heptanóico, metil-heptanóico, etil-heptenóico, 4-etil-heptanóico (ou 3-metil-octanóico), 4-metil-octanóico, metil-octanóico, não-iónico, 4-metil-nonanóico, 8-metil-nonanóico, 2-etildecanóico e 9-decenóico. Reservatórios substanciais de ácidos voláteis de cadeia ramificada. Os ácidos gordos insaturados e com números ímpares de carbono estão presentes nas gorduras do leite de vaca.

Bergh *et al.* em 1995, exploraram dois diferentes extractores de fluido supercrítico (SFE) relativamente simples e comercialmente disponíveis, Lecco e Foss-Tecator, que foram testados para a determinação do teor total de gordura na carne e nos produtos à base de carne. A composição em ácidos gordos da carne e dos produtos à base de carne foi também determinada após a extração Foss-Tecator numa alíquota do extrato. A gordura total foi determinada por pesagem após os diferentes processos de extração e a composição em ácidos gordos por cromatografia gasosa após hidrólise e metilação do extrato. Os resultados relativos ao teor de matéria gorda total concordaram bem com os resultados de um método padrão de Schmidt, Bondzynski e Ratliff, que utiliza a extração por solvente convencional. A composição de ácidos gordos foi comparada com a extração de Bligh e Dyer, e mostrou uma boa concordância. A diferença relativa média entre a SFE e a Bligh e Dyer de todos os ácidos gordos da amostra foi de <3% para ácidos superiores a 0,5% da quantidade total de ácidos gordos. As vantagens do SFE em relação aos métodos tradicionais são um consumo muito menor de solventes orgânicos perigosos e tempos de extração mais curtos. Para obter recuperações quantitativas por SFE, foi adicionado etanol às células de extração antes da extração.

Blum *et al.*, em 1999, investigaram que a utilização da glicose dependente da insulina em todo o corpo e as respostas da insulina à glicose em pinças euglicémicas-hiperinsulinémicas (EHGC) e em pinças hiperglicémicas (HGC) foram avaliadas em vacas leiteiras de alta produção alimentadas com gordura protegida pelo rúmen (triglicéridos), ácidos gordos livres ou uma ração rica em amido *(n =* 5 por grupo) na Semana 9 e na Semana 19 da lactação. A experiência foi efectuada em condições de ausência de diferenças significativas nos balanços energéticos e proteicos na semana 9 e na semana 19 e nos três grupos. As concentrações basais (pré-infusão) de glucose foram mais baixas (P < 0,05) na semana 9 do que na semana 19 de lactação e foram mais elevadas (P < 0,05) na semana 9 nas vacas alimentadas com ácidos gordos livres do que nas vacas alimentadas com a ração rica em amido. No EHGC, as taxas de infusão de glicose foram semelhantes na Semana 9 e na Semana 19 e nos diferentes grupos, indicando uma utilização semelhante da glicose dependente da insulina. Além disso, como as concentrações de insulina no EHGC na Semana 9 e na Semana 19 e nos três grupos eram muito semelhantes, as taxas de depuração metabólica da insulina não foram afectadas pelo estádio de lactação e pela alimentação. Além disso, as respostas da insulina aos mesmos incrementos de glicose no HGC não foram diferentes na Semana 9 e na Semana 19 e nos três grupos, indicando que a secreção de insulina não foi afetada pelo estádio de lactação e pela alimentação. Em conclusão, a secreção de insulina, a taxa de depuração metabólica de insulina e a utilização de glicose dependente de insulina entre a Semana 9 e a Semana 19 de lactação foram estáveis. Além disso, a alimentação com triglicéridos protegidos do rúmen ou ácidos gordos livres não modificou significativamente a secreção de insulina, a taxa de depuração metabólica da insulina e a utilização da glicose dependente da glicose, em comparação com a alimentação rica em amido.

Hiros *et al.* em 2002 pesquisaram que a cromatografia líquida de alta eficiência (HPLC) em conjunto com a derivatização direta foi descrita para a determinação de ácidos gordos livres (FFAs) e ácidos gordos esterificados (EFAs) em materiais biológicos. O método baseia-se na reação destes ácidos com cloridrato ácido de 2-nitrofenil-hidrazina (2-NPH-HCl), com e sem saponificação das amostras, e não há etapas de preparação da amostra. Os AF derivatizados foram extraídos para *u-hexano* e separados isocraticamente com tempos de retenção curtos. Estes ácidos eram constituídos por FAs saturados e mono e polinsaturados, incluindo isómeros de *cistrans* e isómeros posicionais de ligação dupla. Os resultados analíticos revelaram uma boa recuperação e reprodutibilidade utilizando um padrão interno. O método é simples, rápido e fiável e apresenta várias vantagens em termos de resolução, tempo de análise, seletividade e sensibilidade em relação a métodos anteriores. Assim, o presente método pode servir como uma ferramenta útil para determinações de rotina de AGL e AGE em vários domínios.

M.A.Drake *et al.*, em 2004, investigaram os efeitos das culturas adjuntas Lactococcus lacticsp. diacetylactis, Brevibacterium linens BL2, Lactobacillus HelvetiusLH212 e Lactobacillus reuterion na produção de ácidos gordos livres voláteis em queijo Edam com teor reduzido de gordura. A avaliação da atividade da lipase utilizando substratos de ésteres de ácidos gordos ρ-nitro fenil indicou que *L.* lactic ssp. diacetylactis apresentou a maior atividade entre as 4 culturas adjuntas. Foram produzidos queijos de controlo com gordura total e 33% de gordura reduzida (sem adjuvante), juntamente com 5 tratamentos de queijos com gordura reduzida, que incluíam culturas individuais e uma mistura das culturas adjuvantes. Os ácidos gordos livres voláteis dos queijos foram analisados utilizando a análise estática do espaço livre com 4-bromofluorobenzeno como padrão interno. Foram encontradas alterações nas concentrações de ácidos gordos livres voláteis no gás do headspace dos queijos após 3 e 6 meses de maturação. O ácido acético foi o ácido mais abundante detectado durante a maturação. O queijo gordo apresentou a maior quantidade relativa de ácido propiónico entre os queijos. Certas culturas adjuntas tiveram um papel definitivo na lipólise em momentos específicos. O queijo com gordura reduzida com *L.* lactic ssp. *diacetylactis* a 3 meses mostrou os níveis mais elevados de ácido butírico, isovalérico, n-valérico, iso-caproico e n-caproico. O queijo com teor reduzido de gordura com Lactobacillus reuteriat 6 meses produziu a maior concentração relativa de isocapróico, n-caproico e heptanóico, e a maior concentração relativa de ácidos totais.

Kathleen *et al.*, em 2004, investigaram o efeito da gordura na atividade antibotulínica de 11 conservantes alimentares, 12 ácidos gordos livres e nove lotes de queijo modificado com enzimas (EMC) num sistema de meios. A gordura anidra do leite ou o óleo de soja foram adicionados a tubos de meio Trypticase-peptone-glucose-yeast extract (TPGY) suplementado com os aditivos (pH final ajustado a 5,9). Os tratamentos foram inoculados com esporos de Clostridium botulinum 3-log10 proteolysis/ml (mistura de 10 estirpes dos serótipos A e B) e incubados aerobicamente a 30°C durante um máximo de 14 dias. Para os estudos de conservantes e ácidos gordos, o crescimento de *C.* botulinum foi determinado medindo as alterações ópticas a OD640 nm. A produção de toxina botulínica foi determinada nos tratamentos com EMC utilizando o bioensaio do rato. Os dados revelaram que os efeitos anti-botulínicos da nisina e dos ácidos gordos livres, caproico, láurico, mirístico, oleico e linólico foram significativamente reduzidos nos tratamentos suplementados com 20% de gordura ($P<0,05$). Foram observadas tendências semelhantes no TPGY suplementado com 20% de gordura e sorbato de potássio, ácido sórbico, monolaurina, emulsionante de polifosfato ou EDTA-lisozima, mas as diferenças foram reduzidas. A gordura também foi antagonista da atividade antibotulínica de cinco tratamentos com EMC. Este estudo sugere que a gordura pode reduzir a eficácia de alguns antimicrobianos adicionados ou encontrados naturalmente nos alimentos.

Robles Medina *et al.* em 2007 investigaram que o artigo relata a síntese de triglicéridos por esterificação enzimática de ácidos gordos poli-insaturados (PUFA) com glicerol. A lipase Novozym 435 (Novo Nordisk, A/S) de *Candida Antarctica* foi utilizada para catalisar esta reação. Os principais factores que influenciam o grau

de esterificação e o rendimento em triglicéridos foram a quantidade de enzima, o teor de água, a temperatura e o glicerol/ácidos gordos livres. As condições óptimas de reação foram estabelecidas da seguinte forma 100 mg de lipase; 9 ml de hexano; 50°C; razão molar glicerol/ácidos gordos livres concentrados 1,2:3; 0% de água inicial; 1 g de crivos moleculares adicionados no início da reação; e uma taxa de agitação de 200 rpm. Nestas condições, obteve-se um rendimento em triglicéridos de 93,5% a partir do concentrado de PUFA do óleo de fígado de bacalhau; o produto continha 25,7% de ácidos eicosapentaenóicos e 44,7% de ácidos docosahexaenóicos. Estas condições optimizadas foram utilizadas para estudar a esterificação a partir de um concentrado de AGPI das microalgas Phaeodactylum tricornutum e Porphyridium cruentum. Com a primeira, obteve-se um rendimento em triglicéridos de 96,5%, sem monoglicéridos e com muito poucos diglicéridos, após 72 h de reação; os triglicéridos resultantes tinham 42,5% de ácidos eicosapentaenóicos. Foi obtido um rendimento em triglicéridos de 89,3% a partir de um concentrado de AGPI de *P.* cruentum às 96 h de reação, que continha 43,4% de ácidos araquidónicos e 45,6% de EPA. Estes rendimentos elevados em triglicéridos também foram obtidos quando a reação de esterificação foi aumentada 5 vezes.

Bahruddin saad *et al.*, em 2007, investigaram a descrição de métodos titrimétricos não aquosos de injeção em fluxo (FI) para a determinação de ácidos gordos livres (AGL) em amostras de óleo de palma. Foram desenvolvidos colectores de FI de uma e duas linhas utilizando fenolftaleína (PHP) e azul de bromotimol (BTB) como indicadores. O método baseou-se na monitorização das alterações de absorvância dos indicadores utilizados da forma básica-ácida-básica (rosa-incolor-rosa para a PHP, azul-amarelo-azul para o BTB) em resultado da neutralização do KOH utilizado como fluxo transportador pela amostra de AGL injectada. Foram optimizados os parâmetros do FI, tais como a concentração do transportador e do reagente, o caudal, o comprimento da bobina de reação, o tamanho da câmara de mistura e o volume injetado. O coletor de linha única com PHT como indicador é recomendado para a determinação de amostras com grau de acidez (a.d.) superior a 0,4, mas as amostras de óleo têm de ser diluídas com 2-propanol antes da sua injeção. Para acidez mais baixa (a.d. < 0,4), foi recomendado um coletor de duas linhas com BTB como indicador. O coletor de duas linhas permite a injeção direta de amostras de óleo (sem necessidade de diluição fora de linha). O método FIA optimizado foi linear na gama de 0,4-10,0 a.d. (com base no ácido palmítico) para o coletor de uma linha e 0,11-0,50 a.d. para o coletor de duas linhas. O rendimento das amostras foi de 35-74 e 21-46 amostras h^{-1} para os colectores de uma e duas linhas, respetivamente. Foram testadas 50 amostras diferentes de óleos de palma utilizando os colectores FIA adequados e os resultados foram comparados com o procedimento PORIM padrão, que envolve titulação manual. Foram obtidas boas correlações entre os dois métodos (r^2, pelo menos 0,92). Os espectros de absorção UV-VIS indicam que a absorção destas amostras de óleo foi mínima nos comprimentos de onda de deteção (562 nm para o PHP e 627 para o BTB), indicando que o método sofreu uma interferência negligenciável da cor de fundo das amostras.

F. Shahidi *et al.*, em 2008, investigaram que os lípidos fornecem uma fonte concentrada de energia na dieta. Os blocos de construção dos lípidos são os ácidos gordos. Estes podem ser saturados, monoinsaturados ou polinsaturados. A gordura dietética encontra-se em alimentos derivados de fontes vegetais e animais. Os alimentos ricos em gorduras saturadas são geralmente de origem animal. As gorduras vegetais são geralmente insaturadas. Os lípidos fornecem energia e ácidos gordos essenciais. Servem também como transportadores das vitaminas lipossolúveis A, D, E e K e ajudam na sua absorção no intestino. As actuais Directrizes Dietéticas dos EUA recomendam uma ingestão total de gordura entre 20-35% das calorias para adultos, de modo a satisfazer as necessidades energéticas e nutricionais diárias. Para cumprir a recomendação de 20-35% das calorias, a maioria dos lípidos da dieta deve provir de fontes de ácidos gordos monoinsaturados e polinsaturados. Existem atualmente muitas provas que apoiam a ideia de que os ácidos gordos polinsaturados ómega 3 têm efeitos benéficos para a saúde humana. O grupo de ácidos gordos designado por ácidos linólicos conjugados estava também a suscitar grande interesse, uma vez que parece ter uma série de propriedades promotoras da saúde.

Bernhard *et al.*, em 2009, estudaram a pré-esterificação de óleos vegetais contendo ácidos gordos livres (AGL) por resinas de permuta iónica de ácidos fortes. Os catalisadores foram caracterizados por microscopia eletrónica de varrimento (SEM) e capacidade de permuta iónica. Com base num modelo cinético simples, foram determinadas as constantes de velocidade. Foi investigado o efeito da estrutura do catalisador , da dimensão das partículas, da velocidade de agitação, das propriedades do óleo e do método de remoção de água na taxa de reação. O cálculo das frequências de viragem (TOFs) revelou elevadas actividades do catalisador. Foram obtidas excelentes conversões mesmo sem remoção de água, devido a uma esterificação extractiva. Durante os testes de durabilidade da reciclagem, ocorreu uma perda de atividade do catalisador. O mecanismo de desativação foi investigado e os catalisadores esgotados foram regenerados com sucesso. Não foi observada qualquer incrustação do catalisador. O processo de pré-esterificação apresentado facilita o processamento de óleos de baixa qualidade e com elevado teor de AGL em biodiesel através da transesterificação básica e pode ajudar a reduzir os custos de produção. Foi estudada a pré-esterificação de óleos vegetais contendo ácidos gordos livres (AGL) por resinas de permuta iónica de ácido forte. Foi determinado o efeito da estrutura do catalisador, das propriedades do óleo e do método de remoção de água na taxa de reação. Durante os testes de durabilidade da reciclagem, ocorreu uma perda de atividade do catalisador. O mecanismo de desativação foi investigado e os catalisadores esgotados foram regenerados com sucesso.

Alberta *et al.*, em 2009, investigaram o biodiesel, normalmente derivado de óleos vegetais e gorduras animais (peixe e gado) através de reacções de transesterificação catalisadas por álcalis ou lipases. Uma vez que o teor de ácidos gordos livres (AGL) era um parâmetro crítico na conversão de óleos de peixe em ésteres metílicos, foi avaliado o desempenho de um método espetroscópico de infravermelhos com transformada de Fourier (FTIR) como alternativa ao método titulométrico AOCS convencional. O método FTIR envolve a extração simultânea de AGL e a sua conversão estequiométrica nos respectivos sais utilizando uma base fraca, hidrogénio cianamida de sódio (NaHNCN) dissolvida em metanol, seguida da medição da banda de ácidos carboxílicos, v (COO$^-$), a 1573 cm^{-1} relativamente a uma linha de base a 1820 cm^{-1} no espetro diferencial do extrato de metanol. Com pequenas alterações, verificou-se que este método é capaz de responder linearmente à adição de ácido oleico (0-6,5%), produzindo uma equação de calibração de AGL com um S.D. de ±0,014% de AGL. Os resultados analíticos titulométricos e por FTIR foram comparados para amostras preparadas por adição padrão, bem como para óleos de peixe extraídos da pele de salmão que tinham sido armazenados até 120 dias a -20 °C. Ambos os métodos responderam de forma comparável; contudo, o método FTIR foi mais reprodutível e exato, bem como mais simples de executar, tendo sido considerado um método primário melhor do que o método titrimétrico. O teor de AGL dos lípidos da pele do salmão do Atlântico (Salmo salar) aumentou linearmente de ~0,6% para 4,5% em 120 dias, provavelmente como resultado da autoxidação. Concluiu-se que o método FTIR baseado em NaHNCN era uma alternativa instrumental flexível e viável ao procedimento titulométrico AOCS para a determinação do teor de AGL de lípidos de tecidos de peixe destinados à produção de biodiesel.

Wiking *et al.* em 2010, estudou que o objetivo do presente estudo foi estudar o efeito da ordenha de vacas 4 vezes por dia em ácidos graxos livres (FFA) no leite em comparação com a ordenha duas vezes por dia. Foi realizada uma experiência durante 2 semanas em que metade dos úberes de 11 vacas foram ordenhados 2 ou 4 vezes por dia. A produção de leite foi medida e o leite foi analisado quanto ao teor de gordura, AGL, composição de ácidos gordos, tamanho dos glóbulos de gordura e atividade da *y-glut* amil trans-peptidase. A concentração de AGL foi maior (1,49 mEq/100 g de gordura) no leite de meios úberes ordenhados 4 vezes por dia do que no leite de meios úberes ordenhados duas vezes por dia (1,14 mEq/100 g de gordura). Além disso, notou-se que o leite do meio úbere ordenhado 4 vezes ao dia continha glóbulos de gordura com diâmetros médios maiores. O aumento da freqüência de ordenha aumentou a produção de leite em 9% em comparação com a metade do úbere ordenhado duas vezes ao dia, mas o conteúdo de gordura e o rendimento de gordura não foram afetados. Os resultados foram importantes para entender melhor os mecanismos por trás do aumento do conteúdo de FFA que foi freqüentemente observado em sistemas de ordenha automática.

Wiking *et al.* em 2011, pesquisaram sobre grandes concentrações de ácidos gordos livres (AGL) no leite que dão origem ao sabor rançoso em produtos lácteos. A maior parte da formação total de AGL, desde a ordenha até ao produto final de leite de consumo, ocorre na exploração. Este artigo descreveu os fatores que foram responsáveis pelo acúmulo de FFAs no leite cru na fazenda. Estes incluem a frequência da ordenha, a entrada de ar, o bombeamento nos sistemas de ordenha, e o resfriamento e agitação no tanque. Além disso, as variações na concentração de AGL no leite de diferentes tipos de sistemas de ordenha foram listadas, e as possíveis razões para a formação de grandes concentrações de AGL em sistemas de ordenha automáticos e sistemas de tubulação foram revisadas. A lipólise no leite, que leva à formação enzimática de AGLs, também foi brevemente explicada.

Hudson *et al.*, em 2011, investigaram que os receptores acoplados à proteína G (GPCRs) eram alvos de medicamentos extremamente bem sucedidos, com estimativas recentes que sugerem que aproximadamente 30% de todos os tiques de violação atualmente disponíveis actuam nestes receptores. Apesar deste sucesso, apenas um pequeno número dos mais de 400 GPCRs não odoríferos conhecidos são atualmente visados, o que sugere que ainda existe um potencial terapêutico inexplorado. No entanto, como a maioria dos GPCRs foi identificada com base na sua homologia de sequência com outros membros da superfamília, muitos continuam a ser receptores órfãos sem ligandos conhecidos. De facto, mesmo depois de um GPCR ter sido desorfanizado, o recetor é tipicamente ainda mal caracterizado em termos da sua farmacologia e funções biológicas, apresentando um conjunto único de desafios experimentais para definir o seu potencial terapêutico. Discutimos alguns destes desafios e a forma como foram abordados para descobrir o potencial terapêutico de cinco receptores recentemente desorfanizados que foram activados por ácidos gordos livres de cadeia curta e longa.

Deeth *et al.* em 2011, investigaram a lipólise, que a hidrólise dos lípidos no leite produz ácidos gordos livres (AGL), que têm tanto efeitos prejudiciais como desejáveis. Os efeitos prejudiciais devem-se aos sabores desagradáveis dos ácidos gordos livres de cadeia curta quando presentes em concentrações elevadas. No entanto, em algumas circunstâncias, os AGLs conferem sabores desejáveis aos produtos lácteos e outros alimentos. Por exemplo, o sabor caraterístico de algumas variedades de queijo deve-se ao seu teor de AGL. A lipólise foi causada por lipases, que podem ser tanto a lipoproteína lipase endógena do leite como lipases bacterianas, que foram produzidas predominantemente por bactérias psicotrópicas, tais como Pseudomonad's que crescem no leite antes do tratamento térmico. A lipólise pela lipase do leite pode ocorrer espontaneamente nalguns leites quando o leite é arrefecido logo após a colheita, mas é mais frequentemente induzida por tratamentos físicos que rompem a membrana dupla das gorduras do leite e permitem que a enzima no soro do leite aceda às gorduras do leite dentro do glóbulo de gorduras do leite. A lipase do leite é destruída pela pasteurização, mas as lipases bacterianas eram estáveis ao calor e, por conseguinte, podem permanecer activas no leite processado, mesmo no leite tratado a temperaturas ultra-altas, e nos produtos lácteos e causar lipólise durante o armazenamento. A extensão da lipólise no leite e nos produtos lácteos era geralmente medida pelo seu teor de AGL.

Parodiet al. em 2011, pesquisou o artigo que descreve os estudos de referência que demonstraram que os ácidos gordos saturados (AGS) elevam os níveis de colesterol sérico e que o colesterol sérico elevado estava associado ao risco de doença coronária (CHD). Estas associações levaram ao desenvolvimento da chamada hipótese dieta-coração ou hipótese lipídica da doença coronária, que tem recebido uma publicidade considerável ao longo dos anos. No entanto, a análise de 33 conjuntos de dados de estudos epidemiológicos prospectivos não suporta uma relação significativa entre a ingestão de SFAs e o risco de CHD. Do mesmo modo, os ensaios aleatórios controlados que substituíram as gorduras saturadas por óleos vegetais não forneceram provas convincentes de um benefício na prevenção da doença coronária. Percebeu-se cada vez mais que outros factores de risco, como a hipertensão, a resistência à insulina, a diabetes, a obesidade, a síndrome metabólica, a falta de atividade física e níveis séricos elevados de homocisteína, também eram importantes. Além disso, o colesterol era transportado no sangue sob a forma de lipoproteínas, que eram extremamente heterogéneas com diferentes propriedades fisiológicas. Por exemplo, o colesterol das lipoproteínas de baixa densidade (LDL) era aterogénico, enquanto o colesterol das lipoproteínas de alta densidade (HDL) era antiaterogénico. Os SFAs que aumentam mais o colesterol LDL aumentam mais concomitantemente o colesterol HDL.

Além disso, as gorduras saturadas são aterogénicas para a lipoproteína (a) sérica e para as LDL pequenas e densas, o que provavelmente as torna neutras do ponto de vista aterogénico? As meta-análises recentes não mostram uma relação positiva entre o consumo de leite e produtos lácteos e as doenças cardiovasculares, a diabetes e a síndrome metabólica.

Frede *et al.* em 2011, explorou que a Manteiga é um produto lácteo natural concentrado de alta energia, constituído principalmente por gorduras do leite ($\geq 80\%$), água ($\leq 16\%$) e sólidos não gordurosos (proteínas 0,6-0,7%, lactose 0,7-0,8%, minerais -0,2%, além de vestígios de vitaminas, particularmente A e D). Tem um sabor delicado único que, combinado com a sua caraterística e agradável sensação na boca, é um ponto de venda inigualável. No entanto, a sua fraca capacidade de barrar à temperatura de refrigeração e o elevado teor de ácidos gordos saturados tornam a manteiga menos atraente para os consumidores. A manteiga era principalmente uma emulsão de água em óleo e as suas propriedades eram dominadas pelas da fase contínua de gorduras líquidas derivadas da decomposição dos glóbulos de gordura do leite durante o fabrico da manteiga. Nesta fase de gorduras líquidas estavam dispersas as gorduras cristalinas (a quantidade depende da temperatura e da dieta da vaca), os glóbulos de gorduras não danificadas e danificadas mais o soro do leite e qualquer água adicionada. Aproximadamente 98% do material lipídico da manteiga são triacilgliceróis, com 0,3% de diacilgliceróis, monoacilgliceróis, fosfolípidos e esteróis (principalmente colesterol). Os ácidos gordos livres (FAs) representam -0,1% dos lípidos e existem vestígios de ceras, esqualenos e carotenóides. Existe uma gama muito ampla (>400) de FAs, embora apenas 15 estejam presentes em >1%. As gorduras do leite de vaca caracterizam-se por um nível relativamente elevado de AG de cadeia curta (C4-C10), especialmente ácidos butíricos. As FAs insaturadas constituem cerca de um terço do total, com um componente menor, trans-11-C18:1, que fornece um precursor para ácidos linólicos conjugados altamente bioactivos.

Eric's *et al.* em 2011, investigaram que existem pelo menos 17 enzimas envolvidas na oxidação mitocondrial de ácidos gordos codificadas por pelo menos 21 genes. Para a maioria destes genes, foram identificados humanos com deficiências genéticas. O rato possui um sistema de oxidação de ácidos gordos muito semelhante e tem servido bem como organismo para modelar a perda genética de função. Foram criados ratinhos knockout para 12 genes de oxidação de ácidos gordos, incluindo os três genes da carnitina palmitoiltransferase-1, quatro das acil-CoA desidrogenase, ambas as subunidades da proteína tri funcional, a hidroxiacil-CoA desidrogenase de cadeia curta/média, e duas enzimas necessárias para a oxidação de ácidos gordos polinsaturados (enoil-CoA isomerase e 2,4 dienoil-CoA redutase). Esta revisão abrange os conhecimentos que foram adquiridos com estes modelos de ratinhos em termos de compreensão das perturbações da oxidação dos ácidos gordos com um único gene e da contribuição da via da oxidação dos ácidos gordos para doenças poligénicas como a obesidade e a diabetes tipo 2. Também foram revistos outros modelos de ratinhos que apresentam aspectos fenotípicos de uma perturbação da oxidação dos ácidos gordos, como ratinhos knockout sem o transportador de carnitina e knockouts de reguladores-chave da via, como o recetor-a ativado por proliferadores de peroxissoma e a sirtuína-3. Por último, foram discutidos os meios não genéticos de manipulação da oxidação dos ácidos gordos no ratinho, em particular os vários inibidores químicos que foram utilizados com êxito *in vivo*.

Bauman *et al.*, em 2011, investigaram que a gordura é um componente importante do leite. A nível nutricional, a gordura é o principal componente energético do leite e é responsável por muitas das propriedades físicas, características de fabrico e atributos sensoriais dos produtos lácteos. Em termos económicos, a gordura é importante para o valor do leite, uma vez que afecta diretamente o rendimento de muitos produtos lácteos fabricados. Além disso, a gordura é o maior custo energético na síntese do leite e custos significativos de alimentação foram associados à satisfação da procura de energia. Finalmente, a investigação recente sobre a gordura do leite tem-se centrado na "conceção" da gordura do leite para melhorar as suas propriedades saudáveis e funcionais.

CAPÍTULO III

MÉTODOS MATERIAIS E TRABALHO EXPERIMENTAL

O trabalho de investigação foi efectuado no laboratório analítico da divisão de ciência e tecnologia da universidade de educação township campus Lahore.

Aparelhos

Copo (100 ml) (Pyrex)

Suporte (ferro)

Balão de titulação (Pyrex)

Pipeta (10ml)

Bureta (50ml)

Funil (Pyrex)

Placa de aquecimento (ferro)

Reagentes

Álcool etílico a 95% (5 ml de H_2O e 95 ml de álcool etílico)

Hidróxido de sódio (0,1N)

Fenolftaleína

Metodologia

Os ácidos gordos podem ser determinados por diferentes métodos. Existem diferentes métodos que são descritos de seguida.

Via n.º 1 Métodos de titulação química

As concentrações de ácidos gordos iguais ou superiores a 1 mM podem ser facilmente determinadas por titrimetria, mesmo na presença de outros lípidos. A titrimetria foi classicamente utilizada para determinar o índice de acidez (teor de matéria gorda livre) dos óleos e gorduras vegetais. Este valor de acidez é definido como o número de mg de KOH necessários para neutralizar os ácidos gordos contidos em 1 g de gordura. É muito fácil exprimir os resultados noutras unidades, como mg de ácidos gordos por g de amostra ou moles por kg.

Via n.º 2 Métodos espectroscópicos

Foi desenvolvida uma técnica de espetroscopia de infravermelhos com transformada de Fourier para a medição não invasiva da composição de ácidos gordos saturados e insaturados na mucosa humana. Segundo os autores, esta técnica pode representar um grande avanço nos domínios da ciência alimentar, da medicina preventiva e da epidemiologia. Verificou-se que a determinação do ácido linolénico e do ácido linólico em óleos alimentares é possível utilizando uma espetrometria de infravermelhos próximos melhorada.

Rota n.º 3 Procedimento

Efetuar este teste em gordura aquecida e não aquecida. A uma amostra pesada de gordura (2 g) adicionar 5 ml de álcool neutro a 95%. Aquecer até à ebulição numa placa de aquecimento. Retirar e titular, agitando, com NAOH 0,1N utilizando fenolftaleína como indicador. Adicionar o alcalino até ao ponto em que a cor vermelha persiste durante 15 segundos. Calcular os ácidos gordos livres como percentagem de ácido oleico.

Rota selecionada

O itinerário número três foi selecionado para novas experiências.

Metodologia

Pegou-se numa quantidade pesada de gordura e adicionou-se 5 ml de álcool neutro a 95%. Aquecer até à ebulição numa placa de aquecimento. Retirar e titular, sob agitação, com NaOH 0,1N utilizando fenolftaleína como indicador. Adicionar o alcalino até ao ponto em que a cor vermelha persiste durante 15 segundos. Calcular os ácidos gordos livres como percentagem de ácido oleico.

CAPÍTULO IV

RESULTADOS E DISCUSSÃO

Efetuar este teste em gorduras aquecidas e não aquecidas. A uma amostra pesada de gorduras margarina sunshine (2g), margarina láctea (2g), margarina blue band (2g), natas (2g), pacote de leite nestlé (2g), óleo de cozinha golden sun (2g), habib ghee (2g), sufi ghee (2g), óleo dalda (2g), óleo kisan (2g) adicionar 5ml de álcool neutro a 95%. Aquecer até à ebulição numa placa de aquecimento. Retirar e titular, agitando, com NaOH 0,1N, utilizando fenolftaleína como indicador. Adicionar o alcalino até ao ponto em que a cor vermelha persiste 15 seg. Calcular os ácidos gordos livres como percentagem de ácido oleico.

Amostra 1 Margarina com sol

Cálculos

Ácidos gordos livres por kg de gordura= (mL de NaOH) x (N) x28,2/Peso da amostra utilizada

$$6.2 \times 0.1 \times 28.2/\ 2 = 8.74 \text{ g}$$

Amostra 2 Margarina láctea

Cálculos

Ácidos gordos livres por kg de gordura= (mL de NaOH) x (N) x28,2/Peso da amostra utilizada

$$4.5 \times 0.1 \times 28.2/\ 2 = 6.35 \text{ g}$$

Amostra 3 Margarina faixa azul

Cálculos

Ácidos gordos livres por kg de gordura= (mL de NaOH) x (N) x28,2/Peso da amostra utilizada

$$3.3 \times 0.1 \times 28.2/2 = 4.65 \text{ g}$$

Amostra 4 Creme

Cálculos
Ácidos gordos livres por kg de gordura= (mL de NaOH) x (N) x28,2/Peso da amostra utilizada

$$17.3 \times 0.1 \times 28.2/\ 2 = 24.5 \text{ g}$$

Amostra 5 Embalagem de leite Nestlé

Cálculos

Ácidos gordos livres por kg de gordura= (mL de NaOH) x (N) x28,2/Peso da amostra utilizada

$$6.7 \times 0.1 \times 28.2/ 2 = 9.45 \text{ g}$$

Amostra 6 Óleo alimentarSol dourado

Cálculos

Ácidos gordos livres por kg de gordura= (mL de NaOH) x (N) x28,2/Peso da amostra utilizada

$$10.3 \times 0.1 \times 28.2/ 2 = 14.5 \text{ g}$$

Amostra 7 Habib ghee

Cálculos

Ácidos gordos livres por kg de gordura= (mL de NaOH) x (N) x28,2/Peso da amostra utilizada

$$14 \times 0.1 \times 28.2/ 2 = 19.7 \text{ g}$$

Amostra 8 Ghee sufista

Cálculos

Ácidos gordos livres por kg de gordura= (mL de NaOH) x (N) x28,2/Peso da amostra utilizada

$$12.5 \times 0.1 \times 28.2/ 2 = 17.6 \text{ g}$$

Amostra 9 Óleo de Dalda

Cálculos

Ácidos gordos livres por kg de gordura= (mL de NaOH) x (N) x28,2/Peso da amostra utilizada

$$5.3 \times 0.1 \times 28.2/2 = 7.5 \text{ g}$$

Amostra 10 óleo de kisan

Cálculos

Ácidos gordos livres por kg de gordura= (mL de NaOH) x (N) x28,2/Peso da amostra utilizada

$$9.2 \times 0.1 \times 28.2/ 2 = 12.5 \text{ g}$$

As fórmulas elementares e as fórmulas constitucionais de alguns ácidos gordos livres são apresentadas no quadro seguinte.

Table 1 elementary formulas and constitutional formulas of different acids.

Acid	Elementary Formula	Constitutional Formula
Lauric	$C_{12}H_{24}O_2$	$CH_3(CH_2)_{10}COOH$
Myristic	$C_{14}H_{28}O_2$	$CH_3(CH_2)_{12}COOH$
Palmitic	$C_{16}H_{32}O_2$	$CH_3(CH_2)_{14}COOH$
Stearic	$C_{18}H_{36}O_2$	$CH_3(CH_2)_{16}COOH$
Oleic	$C_{18}H_{34}O_2$	$CH_3(CH_2)_{14}(CH)_2COOH$
Linolic	$C_{18}H_{32}O_2$	$CH_3(CH_2)_{12}(CH)_4COOH$
Linolenic	$C_{18}H_{30}O_2$	$CH_3(CH_2)_{10}(CH)_6COOH$

E. T. Webb, Oils and Fats in Soap Manufacture, Soap Gazette and Perfumer, 1 de outubro de 1926, xxviii, 302, apresenta as seguintes percentagens dos ácidos gordos mais importantes nas gorduras e óleos habitualmente utilizados. Outros investigadores poderão encontrar proporções um pouco diferentes, mas em geral estas são representativas:

Table 2 Percentage of different fats and oil

Fat or oil	Lauric	Myristic	Palmitic	Stearic	Oleic	Linolic	Linolenic
Coconut	45	20	5	3	6	-	-
Palm kernel	55	12	6	4	10	-	-
Tallow (beef)	-	2	29.0	24.5	44.5	-	-
Tallow (mutton)	-	2	27.2	25.0	43.1	2.7	-
Lard	-	-	24.6	15.0	50.4	10.0	-
Olive	-	-	14.6	-	75.4	10.0	-
Arachis (peanut)	-	-	8.5	6.00	51.6	26.0	-
Cottonseed	-	-	23.4	-	31.6	45.0	-
Maize	-	-	6.0	2.0	44.0	48.0	-
Linseed	-	3	6.0	-	-	74.0	17.0
Soy bean	-	-	11.0	2.0	20.0	64.0	3.0

No quadro 3 é apresentado o índice de iodo de diferentes gorduras e óleos

Table 3 Different iodine numbers of fats and oil

Table 3. Iodin Numbers of Common Fats*	
Fat or Oil	**Iodine number**
Linseed oil	173 – 201
Tung Oil	170.6
Menhaden oil	139 – 173
Whale oil	121 - 146.6
Soy bean oil	137 – 143
Sunflower oil	119 – 135
Corn oil	111 – 130
Cottonseed oil	108 – 110
Sesame oil	103 – 108
Rapeseed oil	94 – 102
Peanut oil (Arachis)	83 – 100
Olive oil	79 – 88
Horse oil	71 – 86
Lard	46 – 70
Palm oil	51.5 – 57
Milk fat	26 – 50
Beef tallow	38 – 46
Mutton tallow	35 – 46
Cacao butter	32 – 41
Palm kernel oil	13 – 17
Coconut oil	8 – 10

O quadro 4 apresenta os índices de saponificação das gorduras e óleos comerciais comuns.

Table 4. Saponification Numbers of Common Fats*	
Fat or Oil	**Saponification number**
Rapeseed oil	170 – 179
Menhaden oil	190.6
Corn oil	188 – 193
Olive oil	185 – 196
Soy bean oil	193
Cacao butter	193.55
Linseed oil	192 – 195
Cottonseed oil	193 – 195
Lard	195.4
Mutton tallow	192 - 195.5
Peanut oil (Arachis)	190 – 196
Horse oil	195 – 197
Beef tallow	193.2 – 200
Palm oil	196 – 205
Butter	220 – 233
Palm kernel oil	242 – 250
Coconut oil	246 – 260

Table 5 free fatty acids in different fat samples

No of obs	Samples	mL of NaOH	Weight of sample	Free fatty acid per kg
1	Margarine sunshine	6.2	2	8.74
2	Margarine dairy	4.5	2	6.35
3	Margarine blue band	3.3	2	4.65
4	Cream	17.3	2	24.5
5	Nestle milk pack	6.7	2	9.45
6	Golden sun oil	10.3	2	14.5
7	Habib ghee	14	2	19.7
8	Sufi ghee	12.5	2	17.6
9	Dalda oil	5.3	2	7.5
10	Kisan oil	9.2	2	12.9

Table 6 between name of samples and ml of NaOH

Sample Name	mL of NaOH
Margarine sunshine	6.2
Margarine dairy	4.5
Margarine blue band	3.3
Cream	17.3
Nestle milk pack	6.7
Golden sun oil	10.3
Habib ghee	14
Sufi ghee	12.5
Dalda oil	5.3
Kisan oil	9.2

A tabela 6 representa as amostras de ácidos gordos livres e ml de NaOH. O valor varia entre 3,3 para a Margarina faixa azul e 17,3 para a Nata e a sua média é de 8,93.

Table 7 between the name of samples and free fatty acids per kg

Sample Name	Free fatty acid per kg
Margarine sunshine	8.74
Margarine dairy	6.35
Margarine blue band	4.65
Cream	24.5
Nestle milk pack	9.45
Golden sun oil	14.5
Habib ghee	19.7
Sufi ghee	17.6
Dalda oil	7.5
Kisan oil	12.9

A Tabela 7 representa o nome das amostras e os ácidos gordos livres por kg. Este valor varia entre 4,65 para a Margarina faixa azul e 24,5 para a nata e o seu valor médio é de 12,589.

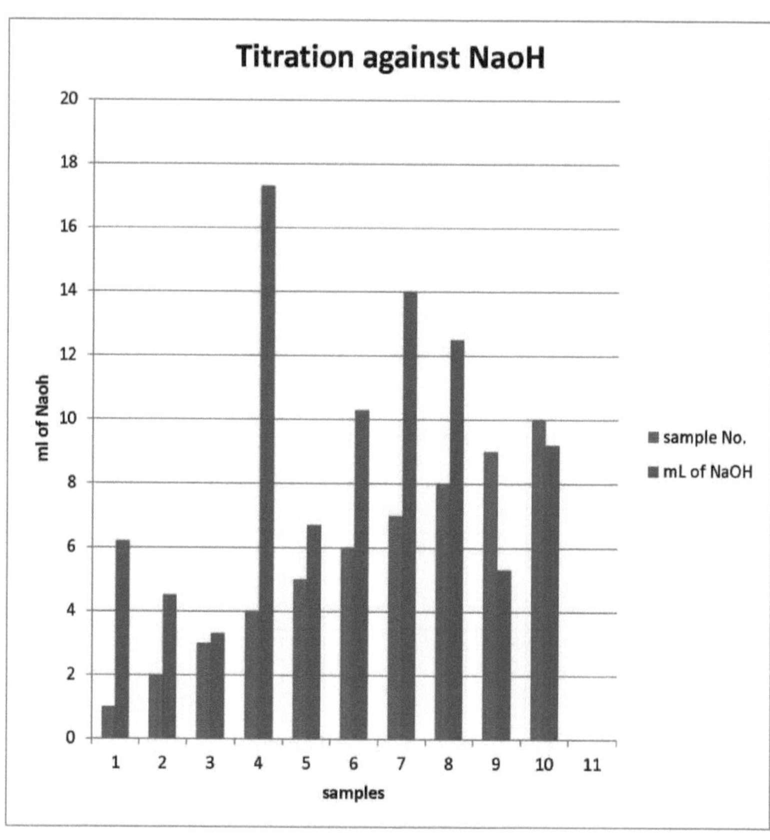

Figure 1: Titration of samples against NaOH

Na figura 1, as amostras de ácidos gordos livres são representadas graficamente. A diferença entre as amostras é mostrada pela variação do comprimento da barra.

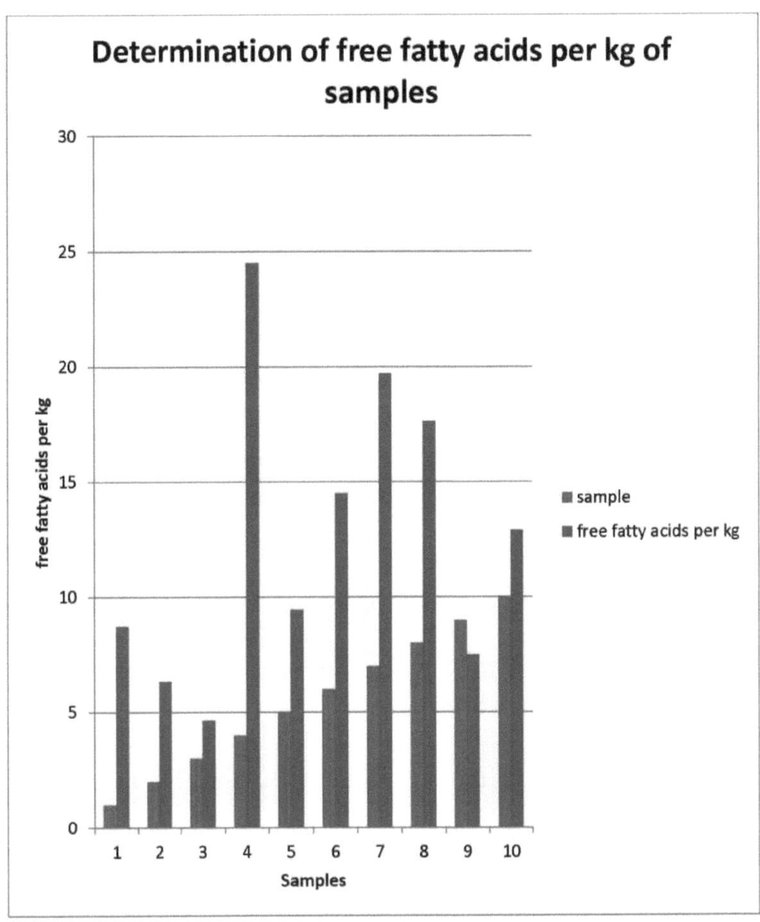

Figure 2: Determination of free fatty acids per kg of samples

A figura 2 representa graficamente a determinação dos ácidos gordos livres por kg. A diferença entre as amostras e os ácidos gordos livres por kg é demonstrada pela variação do comprimento da barra.

CAPÍTULO V

RESUMO E CONCLUSÃO

O resumo do trabalho de investigação é que este é realizado para a determinação de ácidos gordos livres em diferentes amostras de gorduras. Para o efeito, foram analisadas diferentes amostras, tais como: Margarina sunshine, Margarina dairy, Margarina blue band, Natas, Embalagem de leite Nestlé, Óleo Golden sun, Habib ghee, Sufi ghee, Óleo Dalda, Óleo Kisan. Foram obtidas diferentes leituras através das quais os dados foram analisados. Com base nos resultados dos dados analisados durante a investigação, são tiradas as seguintes conclusões. De todas as amostras, o nível de gorduras na banda azul da margarina é muito baixo, ou seja, 4,65 g, e o nível de gorduras na nata é elevado, ou seja, 24,5 g.

Table 8 Comparative study of free fatty acids in different sample

No of obs	Samples	mL of NaOH	Weight of sample	Free fatty acid per kg
1	Margarine sunshine	6.2	2	8.74
2	Margarine dairy	4.5	2	6.35
3	Margarine blue band	3.3	2	4.65
4	Cream	17.3	2	24.5
5	Nestle milk pack	6.7	2	9.45
6	Golden sun oil	10.3	2	14.5
7	Habib ghee	14	2	19.7
8	Sufi ghee	12.5	2	17.6
9	Dalda oil	5.3	2	7.5
10	Kisan oil	9.2	2	12.9

Bibliografia

A. Robles Medina, L. Esteban Cedarn, A. Giménez Giménez, B. Camacho Paez, M.J. Ibanez Gonzalez. Molina Grima, 9 de outubro (1998), **esterificação catalisada por lipase de glicerol e ácidos graxos poliinsaturados de óleos de peixes e microalgas,** Biotecnologia, Volume70, Edição (**1-3**), Editora Elsevier, Páginas (379-391)

Alberta N.A. Aryee, Frederic R. van de Voort' , Benjamin K. Simpson ,April (2009), **FTIR determination of free fatty acids in fish oils intended for biodiesel production,** Process Biochemistry,Volume 44, Issue 4 ,Pages 401-405

Abalso M, JChromatogram. **(2000), 891,287.**

Bahruddin Saad, , Cheng Woon Ling, Md Sariff Jab, Boey Peng Lim, Abdussalam Salhi Mohamad Ali, Wan Tatt Wai, Muhammad Idiris Saleh,(2007), **Determinação de ácidos gordos livres em amostras de óleo de palma utilizando um método titrimétrico de injeção em fluxo não aquoso,** Food Chemistry ,Volume 102, Issue **4Pages 1407-1414**

Battistutta F, J High Resol chromatoger. (1994), vol 17 p 662

B. D.Hudson, Nicola J. Smith, Graeme Milligan, 10 de setembro (2011), **Experimental Challenges to Targeting Poorly Characterized GPCRs: Descobrindo o potencial terapêutico dos receptores de ácidos graxos livres,** Farmacologia, Volume (62), Páginas 175-218

Bernhard M.E. Russbueldt, Wolfgang F. Hoelderich, 17 de dezembro (2008), **Novas resinas de permuta iónica de** ácido **sulfónico para a pré-esterificação de diferentes óleos e** gorduras **com elevado teor de** ácidos gordos livres, Applied Catalysis A: General, **volume 362, número 1-2, 30 de junho de 2009, páginas 47-57.**

Berg H, Dahlberg L, Mathiasson L, May-Jun(1995), **Determination of fat content and fatty acid composition in meat and meat products after supercritical fluid extraction,**J AOAC Int.**Volume (85),**1064-9.

D.E. Bauman, M.A. McGuire, K.J. Harvatine, 29 de março(2011), **Mammary gland, Milk Biosynthesis and Secretion | Milk Fat** ,Encyclopedia of Dairy Sciences (Second Edition), **Volume (44),**Pages 352-358

D. D. Bills, L.L. Khatri, E.A. Day,16 August (1963), **Method for the Determination of the**

FreeFattyAcids of Milk Fat Journal of Dairy Science ,Volume 46, Issue 12 , Pages 1342-1347,Darlington P (2003), "Dyslipidaemia". Lancet **362** (9385):   71731. doi:10.1016/S0140-6736(03)14234-1. PMID 12957096.

E. Frede, 29 de março (2011), **Propriedades e análise da manteiga e de outros produtos lácteos gordos,**Enciclopédia das Ciências do Leite (Segunda Edição) ,**Volume (31),**Páginas 506514

Eric S. Goetzman,20 de agosto (2008), **Modeling Disorders of FattyAcidMetabolism in the Mouse,**Progress in Molecular Biology and Translational Science,Volume 100,Páginas 389-417

F. Shahidi, S.P.J.N. Senanayake, 20 de agosto (2008) **,FattyAcids** ,Química, Volume **(8),**Páginas 461-472

G. Szabo, Z. Magyar, A. Rbffy, May (1977) **The role of free fatty acids in pulmonary fat embolism,**Injury, Volume 8, Issue 4, Pages 278-283

Heinz,Roughan,PG**(1983),volume 72,p273-279**

Hiroshi   Miwa,16   August   (2002)   **,High-performance   liquid   chromatographic determination of free fatty acids and esterified fatty acids in biological materials as their 2-nitrophenylhydrazides,**Analytica Chimica Ata ,Volume 465, Issues 1-2, Pages 237-255

H. C. Deeth, 29 de março (2011),**Lípidos do leite | Lipólise e hidrólise**

Rancidez,Enciclopédia das Ciências dos Lacticínios (Segunda Edição), **Volume (2), p 481**
556

Hollemann (trans. H. C. Cooper), a Textbook of Inorganic Chemistry, Nova Iorque, Wiley, 1904).

Horak T, J chromatoger A, **(2008), 1196-1197, 96** J.W Blum, R.M Bruckmaier, P.-Y, 5 de julho (1999), **Insulin-dependent whole-body glucose utilization and insulinresponses to glucose in week 9 and week 19 of lactation in dairy cows fed rumen- protected crystalline fator freefattyacids,**Domestic Animal Endocrinology,Volume 16, Issue 2 , Pages 123-134,

J.A. Robertson, W.J. Harper, I.A. Gould,13 May (1966), **Some Factors Affecting** Free Fatty

Acid **Distribution in Lipase-Hydrolyzed Milk** Fat, Journal of Dairy Science, Volume , Pages 1394-1400,

J. Kim Ha, R.C. Lindsay ,August (1990), **Method for the Quantitative Analysis of Volatile Free and Total Branched-Chain Fatty Acids in Cheese and Milk Fat,** Journal of Dairy Science ,Volume 73, Issue 8,, Pages 1988-1999

Kathleen A Glass , **Eric A Johnson,** dezembro (2004), **Antagonistic effect of** fat **on the antibotulinal activity of food conservatives and** fatty acids, Food Microbiology, **volume 21, número 6, páginas 675-682.**

Kramer, J.K.G, Hulan, H.W., J (1978), Lipid Res., **19**, 103-106

L.Wiking,29 March(2011), **Milking and handling of raw milk/Influence of free fatty acids,** Encyclopedia of Dairy Sciences (Second Edition), **Volume** (3),publisher Academic Pressman Diego. Edição 2. Páginas 638-641

L. Wiking , J.H. Nielsen, A.-K. Bavius, A. Edvardsson, K. Svennersten-Sjaunja, 9 de maio(2005), **Impact of Milking Frequencies on the Level of Free Fatty Acids in Milk, Fat Globule Size, and Fatty Acid Composition,** Journal of Dairy Science ,Volume 89, Issue 3 , Pages 1004-1009

Londres, Macmillian, **(1922),** volume 3, edição 6

Lalman JA, JAOCS, **(2004)** volume 81, p 105

Lodish, Harvey F., Nova Iorque: W. H. Freeman, Co., (2003), página 321.ed 5

Maton, Anthea,Jean Hopkins, Charles William McLaughlin, Susan Johnson, Maryanna Quon Warner, David LaHart, Jill D. Wright **(1993)**

Maitland, Jr Jones **(1998), Organic Chemistry.** W W Norton & Co Inc (Np). p. 139 MacRury, SM; Muir, M; Hume, R (1992), "Variação sazonal e climática no colesterol e vitamina C: efeito da suplementação de vitamina C".Scottish medical journal **37** (2): 49-52. PMID 1609267. Editar

Ockene IS, Chiriboga DE, Stanek EJ 3rd, Harmatz MG, Nicolosi R, Saperia G, Well AD, Freedson P, Merriam PA, Reed G, Ma Y, Matthews CE, Hebert JR. (2004), "Seasonal variation in serum cholesterol levels: treatment implications and possible mechanisms.". Arch Intern Med **164**(8): 863-70.

P.W. Parodi, 29 de março(2011), **Nutrition and Health | Nutritional and HealthPromoting Properties of Dairy Products: FattyAcids of Milk and Cardiovascular Disease,**Encyclopediaof Dairy Sciences (Second Edition),**vol** *23,Pages 1023-1033*

Perusuasriene chromatographia,**(2009)** volume 69 p 271

T. Victor, C. la Cock,A. Lochner, August(1984), **Myocardial tissue free fatty acids,**Journal of Molecular and Cellular Cardiology,Volume 16, Issue 8Pages 709721

Tomaino RM, J agric food **(2001)** 49, 3993

W. Tungjaroenchai, C.H. White, W.E. Holmes, M.A. Drake,outubro (2004), **Influence of Adjunct Cultures on Volatile Free Fatty Acids in Reduced-Fat Edam** CheesesJournal of Dairy ScienceVolume 87, Issue 10,Pages 3224-3234

Zhao G, J chromatogr B **(2007),** 846.202

More
Books!

info@omniscriptum.com
www.omniscriptum.com
OMNIScriptum

Printed by Books on Demand GmbH, Norderstedt / Germany